FORSCHUNGSBERICHTE
DES WIRTSCHAFTS- UND VERKEHRSMINISTERIUMS
NORDRHEIN-WESTFALEN

Herausgegeben von Staatssekretär Prof. Dr. h. c. Leo Brandt

Nr. 360

Dr.-Ing. Eginhard Barz

Verein zur Förderung von Forschungs- und Entwicklungsarbeiten
in der Werkzeugindustrie e.V., Remscheid

Fertigungsverfahren und Spannungsverlauf bei Kreissägeblättern für Holz

Als Manuskript gedruckt

WESTDEUTSCHER VERLAG / KÖLN UND OPLADEN

1957

ISBN 978-3-663-03644-9   ISBN 978-3-663-04833-6 (eBook)
DOI 10.1007/978-3-663-04833-6

Forschungsberichte des Wirtschafts- und Verkehrsministeriums Nordrhein-Westfalen

Gliederung

Vorwort .... S. 5

1. Die Fertigungsgänge bei der Herstellung von Kreissägeblättern und ihr Einfluß auf die Ebenheit und den Spannungszustand ... S. 6
   1.1 Wärmebehandlung .... S. 6
   1.2 Zahnen .... S. 13
   1.3 Schwarzrichten und Spannen .... S. 14
   1.4 Schleifen und Polieren .... S. 17
   1.5 Blankrichten .... S. 18

2. Maschinelles Richten und Spannen .... S. 20
   2.1 Richten und Spannen durch Schlag .... S. 20
   2.2 Richten und Spannen durch Druck .... S. 21
   2.3 Richten und Spannen durch Walzen .... S. 21

3. Einfluß der Erwärmung auf den Richt- und Spannungszustand ... S. 24
   3.1 Grundversuche an Blattabschnitten .... S. 24
   3.2 Grundversuche an Kreissägeblättern .... S. 27
   3.3 Zonale Wärmebehandlung .... S. 31
   3.4 Rotationshärten .... S. 31

4. Berechnung der durch Erwärmung und Fliehkraft hervorgerufenen Blattspannungen bei zonaler Erwärmung .... S. 32
   4.1 Erwärmung der Zahnzone .... S. 33
   4.2 Erwärmung der Bohrungszone (Blattmitte) .... S. 35
   4.3 Erwärmung der Mittelzone (Spannungszone) .... S. 35
   4.4 Einwirkung der Fliehkraft .... S. 36
   4.5 Gleichzeitiges Einwirken von zonaler Erwärmung und Fliehkraft .... S. 37
   4.6 Folgerungen für die Praxis .... S. 44

5. Spannungsoptische Untersuchungen an Sägeblattmodellen unter Berücksichtigung zonaler Erwärmung .... S. 46
   5.1 Modell ungespannt .... S. 46
   5.2 Modell vorgespannt ("eingefrorene" Spannung) .... S. 48

6. Ausgleich der durch Erwärmung hervorgerufenen Spannungen durch Formgebung .... S. 51
   6.1 Grundsätzliches .... S. 51
   6.2 Schlitze in der Zahnzone .... S. 52
   6.3 Elastische Mittelzone (Rillen, Aussparungen) .... S. 58

7. Verringerung des Erwärmungs-Einflusses .... S. 64

8. Zusammenfassung .... S. 65

9. Literaturverzeichnis .... S. 67

Forschungsberichte des Wirtschafts- und Verkehrsministeriums Nordrhein-Westfalen

Vorwort

In der vorliegenden Arbeit sind die Ergebnisse von 2 vom Ministerium für Wirtschaft und Verkehr des Landes Nordrhein-Westfalen finanziell geförderten Forschungsaufgaben zusammengefaßt, und zwar aus der

Untersuchung der Fertigungsverfahren für Kreissägeblätter mit dem Ziel der Mechanisierung des Richtens und Spannens zwecks Senkung der Herstellungskosten

und aus der

Untersuchung des Arbeitsverhaltens von Kreissägeblättern und des Einflusses des Richt- und Spannungszustandes mit dem Ziel der Verbesserung von Schnittgüte, Erhöhung der Standzeit und Verminderung des Schnittverlustes.

Die Untersuchungen wurden in Herstellungsbetrieben und im Institut für Werkzeugforschung, Remscheid, durchgeführt.

Zur Bestätigung dieser Ergebnisse sind im Rahmen einer weiteren, vom genannten Ministerium ebenfalls finanziell geförderten Untersuchung, Reihenversuche vorgesehen. Diese Forschungsaufgabe befaßt sich mit der

Verringerung der Flattererscheinungen zur Konstanthaltung hoher Schnittleistung und einwandfreier Schnittgüte

und wird vorwiegend in holzverarbeitenden Betrieben durchgeführt. Der entsprechende Forschungsbericht ist die Fortsetzung sowohl dieser Arbeit wie des Forschungsberichtes Nr. 61: "Schwingungsverhalten von Kreissägeblättern für Holz Teil I".

Für die Schnittleistung und Schnittgüte, die Standzeit und den Schnittverlust sind maßgebend:

die Güte des Sägeblattes,
die richtige Abstimmung der Zahnung mit Schränkung bzw. Stauchung auf das Schnittgut,
der zweckmäßige Vorschub und
der Zustand der Werkzeugmaschine.

Auf die Güte der Kreissägeblätter und ihre Standzeit haben folgende Faktoren besonderen Einfluß:

Werkstoffzusammensetzung, Wärmebehandlung (Härten, Anlassen),

Richt- und Spannungszustand des Blattes,
Schränkung (Stauchung) und Schärfe sowie gleichmäßige Blattdicke und die Behandlung und Instandhaltung.

Von besonderer Bedeutung ist ferner der Einfluß der Wärmebehandlung und die beim Schneiden auftretende zonale Erwärmung in Verbindung mit der Zentrifugalkraft auf den Richt- und Spannungszustand des Sägeblattes.

In diesem Bericht werden daher neben den mit den einzelnen Fertigungsgängen (Härten, Anlassen, Zahnen, Richten, Spannen, Schleifen, Polieren) zusammenhängenden Fragen auch die Probleme behandelt, die durch die genannten Einflußfaktoren bedingt sind, z.B. den durch die Schnittwärme verursachten Verzug und damit das Flattern durch konstruktive Gestaltung zu verringern. Auf die Möglichkeit des maschinellen Spannens, das hochqualifizierte Sägenrichter (Mangelberuf, ohne entsprechenden Nachwuchs) ausführen, wird gleichfalls eingegangen.

Für die Mitarbeit der einschlägigen Werkzeug- und Werkzeugmaschinenfirmen sowie des Fachverbandes Werkzeugindustrie e.V., Remscheid, möchten wir an dieser Stelle noch unseren besonderen Dank aussprechen.

1. Die Fertigungsgänge bei der Herstellung von Kreissägen und ihr Einfluß auf die Ebenheit und den Spannungszustand

1.1 Wärmebehandlung

Einzelheiten der Fertigungsgänge (Ausschneiden auf Tafel- bzw. Kreisscheren, Ausstanzen der Bohrungen, Zahnen, Vergüten ...) werden im wesentlichen als bekannt vorausgesetzt; soweit erforderlich, wird im Folgenden jedoch auch auf Bekanntes noch eingegangen.

Wegen der festgestellten Unterschiede in der als Folge der Wärmebehandlung erzielbaren Ebenheit und Härte wurde der Härte- und Anlaßvorgang besonders hinsichtlich der Erwärmung und Abkühlung näher untersucht.

Das Erwärmen erfolgt in gasbeheizten Öfen oder in Öfen, die mit festen Brennstoffen geheizt werden. Der gasbeheizte Ofen setzt sich jedoch mehr und mehr durch. Die Sägeblätter liegen flach im Ofen und werden je nach Größe und Blattdicke zwecks gleichmäßigen Durchglühens ein- bis zweimal verschoben bzw. besonders bei kleinen Blattabmessungen gewendet.

Die Zeit vom Herausnehmen aus dem Ofen bis zum Abschrecken im Ölbad beträgt je nach Blattgröße 2 Sekunden bis 1 Minute. Um den Wärmeverlust auszugleichen und eine ausreichende Mindesthärte mit Sicherheit zu erreichen, wird die Härtetemperatur etwas höher gewählt als sie für ein schnelles Abschrecken erforderlich wäre. Die Ofentemperatur wird mit Meßgeräten überwacht und teilweise durch Regelrichtungen gesteuert. Zur Kontrolle der Meß- und Regeleinrichtungen werden in bestimmten Zeitabständen Schliffbilder angefertigt.

Die Verzunderung der Oberfläche durch den Sauerstoff der Luft ist der Schutz vor Entkohlung; sie wirkt aber auch als Wärmeisolation und verursacht, wenn sie ungleichmäßig verteilt ist, eine ungleichmäßige Abkühlung, d.h. eine ungleichmäßige Härte. Befinden sich auf einer Blattseite entkohlte Zonen, auf der gegenüberliegenden Seite aber nicht, so verwirft sich das Blatt und zwar so, daß sich die konkave Seite der Durchbiegung auf der entkohlten Seite ausbildet.

Härtemessungen wurden an 5 Kreissägen vor und an 3 von diesen nach dem Anlassen durchgeführt und zwar bei jedem Blatt an 5 Meßstellen (Abb. 1); bei Meßstelle 1 wurde das Blatt beim Herausnehmen aus dem Ofen jeweils mit der Zange angefaßt.

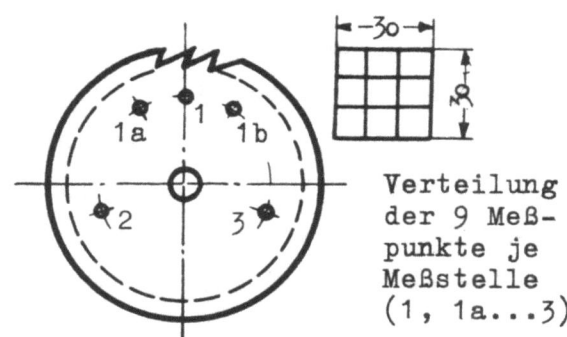

A b b i l d u n g 1

Lage der Meßstellen bei den Härtemessungen (siehe auch Abb. 2 und 3)

Die Meßstellen 1a und 1b liegen verhältnismäßig dicht daneben; die Meßstelle 2 tauchte zuerst ins Ölbad, die Meßstelle 3 zuletzt. Die Fläche jeder Meßstelle betrug 9 cm^2 (3 x 3 cm) und wurde in 9 Quadrate von je 1 cm^2 unterteilt. In jedem Quadrat wurde mindestens einmal gemessen. Aus

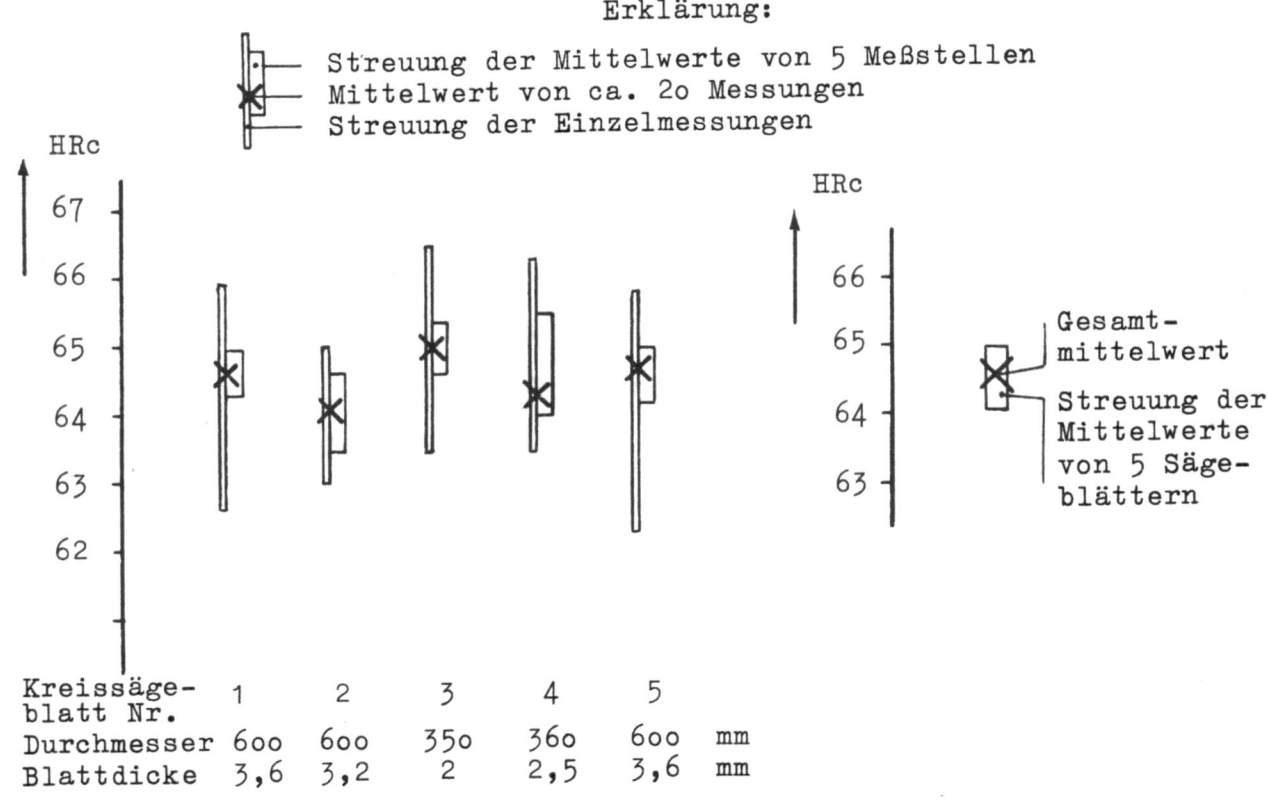

Abbildung 2
Härte von 5 gehärteten Kreissägeblättern

den Mittelwerten der 5 Meßstellen geht hervor, daß die vor dem Abschrekken beim Anfassen mit der Zange gegenüber dem übrigen Blatt dunklere Stelle 1 praktisch die gleiche Härte hat wie das übrige Blatt. Ferner ist die Härte der zuerst eintauchenden Stelle 2 praktisch gleich der Härte der zuletzt eintauchenden Meßstelle 3. Die Ergebnisse dieser Messungen wurden zur besseren Übersicht graphisch dargestellt: Abbildung 2 zeigt die ermittelten Werte von 5 gehärteten, Abbildung 3 die von 3 angelassenen Kreissägen.

Außer dem Mittelwert sämtlicher Einzelmessungen wurde die Streuung der Mittelwerte der 5 Meßstellen und die Streuung der Einzelmessungen eingetragen und rechts der Mittelwert aller untersuchten Sägeblätter (5 bzw. 3 Stück) mit der Streuung der Mittelwerte dargestellt. An den Meßstellen wurden die Kreissägen vom Zunder durch vorsichtiges Schmirgeln gesäubert und blank gemacht.

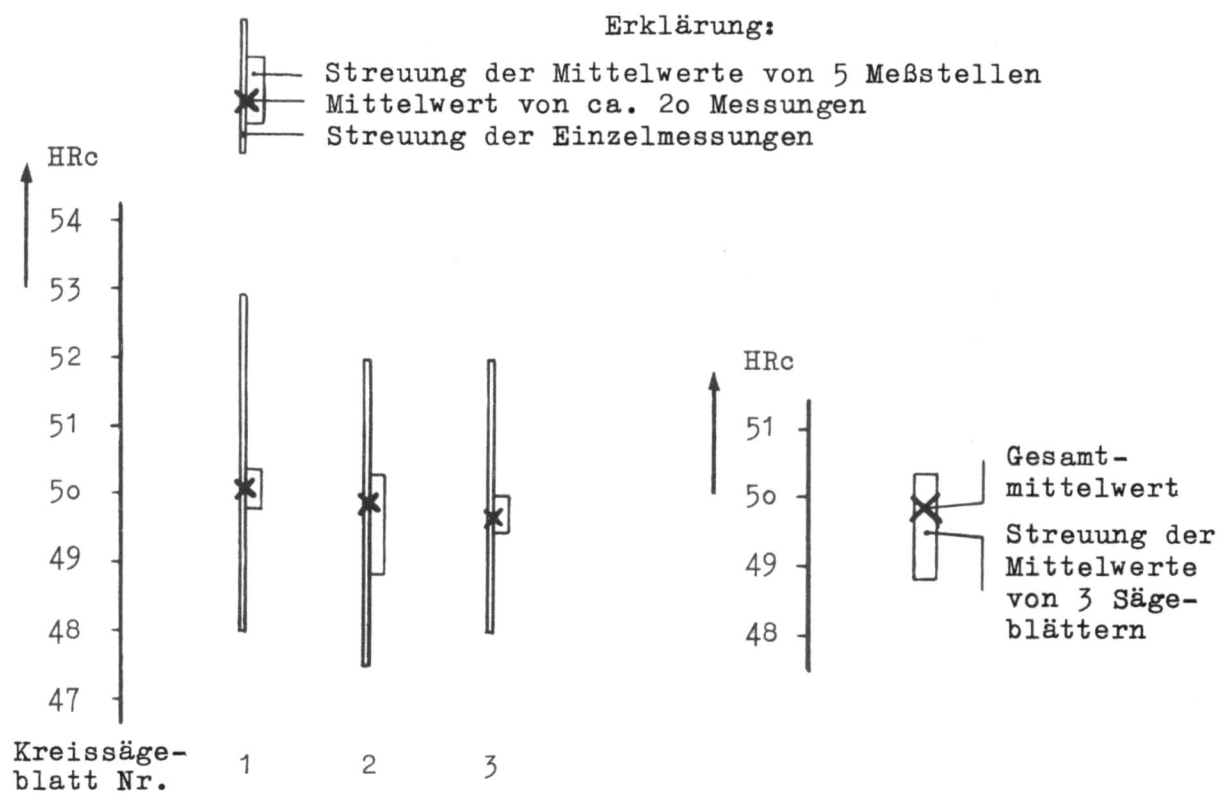

Abbildung 3
Härte von 3 gehärteten und angelassenen Kreissägeblättern

Während die Streuung der Einzelmessungen innerhalb eines jeden Blattes 2 bis 5 HRc beträgt, streuen die Mittelwerte der 5 Meßstellen eines jeden Blattes nur um 1 bis 2 HRc.

Bei 5 gehärteten Sägeblättern lag die Härte im Mittel zwischen 64 und 65 HRc, bei gehärteten und angelassenen Sägeblättern zwischen 49 und 50,5 HRc.

Härtemessungen wurden außerdem an 12 fertigen Blättern (450x2,2x30) durchgeführt und zwar bei jedem Blatt an 4 um 90° versetzten Meßstellen (Abb.4). Jeder Härtewert stellt ein Mittel aus 4 Messungen dar.

Die Meßergebnisse, und zwar die aus allen Messungen eines Blattes, die Streuung der Einzelmessungen und die der Mittelwerte sind in Abbildung 5 graphisch dargestellt. Die Streuungen der 20 Messungen für jedes Blatt liegen zwischen ± 1 bis ± 2 HRc bzw. (wie ebenfalls aus Abb.5 ersichtlich)

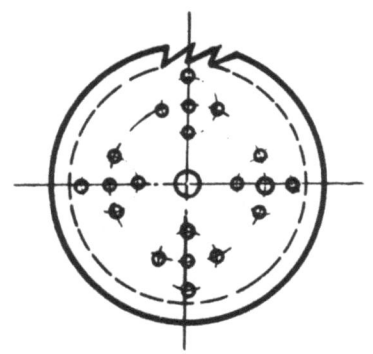

A b b i l d u n g 4

Lage der Meßstellen für Härtemessungen

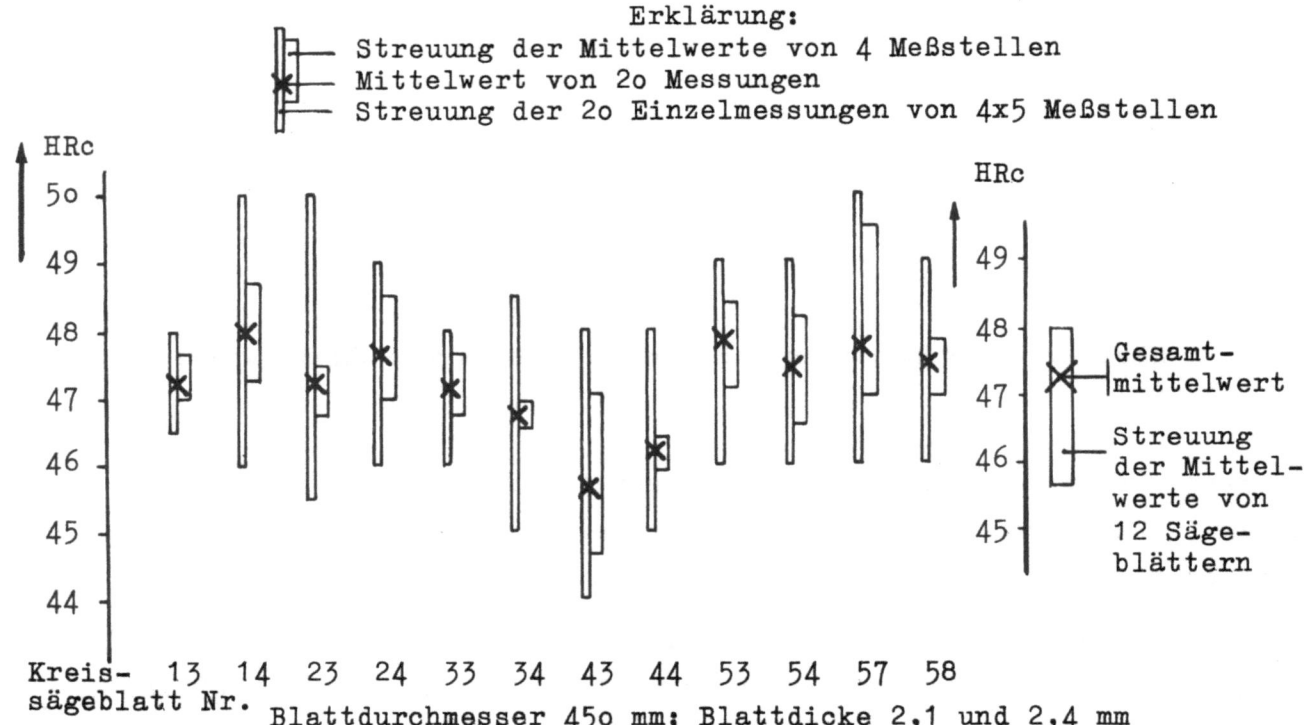

A b b i l d u n g 5

Härte von blankgeschliffenen Kreissägeblättern

2 bis 4 HRc, die der Mittelwerte aus 4 Stellen zwischen 0,5 und 3 HRc. Die Meßunsicherheit betrug höchstens ± 1 HRc, wie man auch aus den Messungen für Sägeblatt Nr. 13 und Nr. 33 entnehmen kann; bei diesen 4 Mittelwerten ergibt sich eine Streuung nur um ± 0,4 HRc, während 20 Meßwerte zwischen 46 und 48 HRc liegen.

Während die Ergebnisse von Abbildung 2 und 3 bei einer Firma ermittelt wurden (Ofen mit indirekter Koksfeuerung), enthält Abbildung 5 die Ergebnisse von 5 Firmen (mit je 2 bzw. 4 Blättern). Ein Teil dieser Sägeblätter wurde im koksbeheizten, ein anderer Teil im gasbeheizten Ofen erwärmt. Wie aus einem Vergleich der Sägeblätter von Abbildung 2, 3 und 5 hervorgeht, sind die Streuungen der Mittelwerte ihrer Härte sehr gering und liegen im Bereich der Meßgenauigkeit des Härteprüfverfahrens.

Daraus geht hervor, daß bei sachgemäßem Erwärmen und Abschrecken unabhängig von der Art der Befeuerung eine gleichmäßige Härte erzielt werden kann. Nicht genügende Sorgfalt bei der Wärmebehandlung, Ungleichmäßigkeiten beim Erwärmen und Abschrecken, falsche Temperatur, Zunderbildung und Entkohlung haben mehr oder weniger großen Verzug zur Folge, der z.B. durch Hammerschläge, das sogenannte Richten, beseitigt werden muß. Es hat sich in einigen Fällen gezeigt, daß Sägeblätter, die nach dem Härten und Anlassen stark und unregelmäßig verzogen sind und daher beim Richten und Spannen eine größere Anzahl Hammerschläge erfordern, durch die Beanspruchung beim Schneiden die Tendenz haben, sich stärker zu verziehen als Blätter, die nach der Wärmebehandlung annähernd eben sind. Es besteht die Vermutung, daß die durch den Richt- und Spannungsvorgang in die Oberfläche des Sägeblattes hineingearbeitete Sägenspannung (= Gegenspannung), die die Wirkung der ursprünglichen inneren Blattspannung ausgleichen soll, beim Schneiden (insbesondere bei starker Erwärmung) wieder zurückgeht und die innere Spannung von der Wärmebehandlung den verzogenen Zustand vor dem Richten und Spannen wiederherstellt. Siehe auch Abschnitt 3.2, Abbildung 19!

Vor einigen Jahren wurden bereits Versuche mit brenngehärteten Zähnen durchgeführt, die bisher noch zu keinem praktischen Erfolg führten. Dabei wurde mit Rücksicht auf die Schränkmöglichkeit nur das äußere Drittel der Zähne gehärtet. Diese Art der Härtung käme für die Praxis erst dann in Frage, wenn das Sägeblatt auch beim Verbraucher gehärtet werden könnte und nicht schon nach wenigen Nachschliffen erneut zum Härten an den Hersteller eingesandt werden müßte.

Wolfram-Molybdän-Legierungen sind in Bezug auf Schnitthaltigkeit besser als Chrom-Vanadium-Stähle, allerdings auch entsprechend teurer.

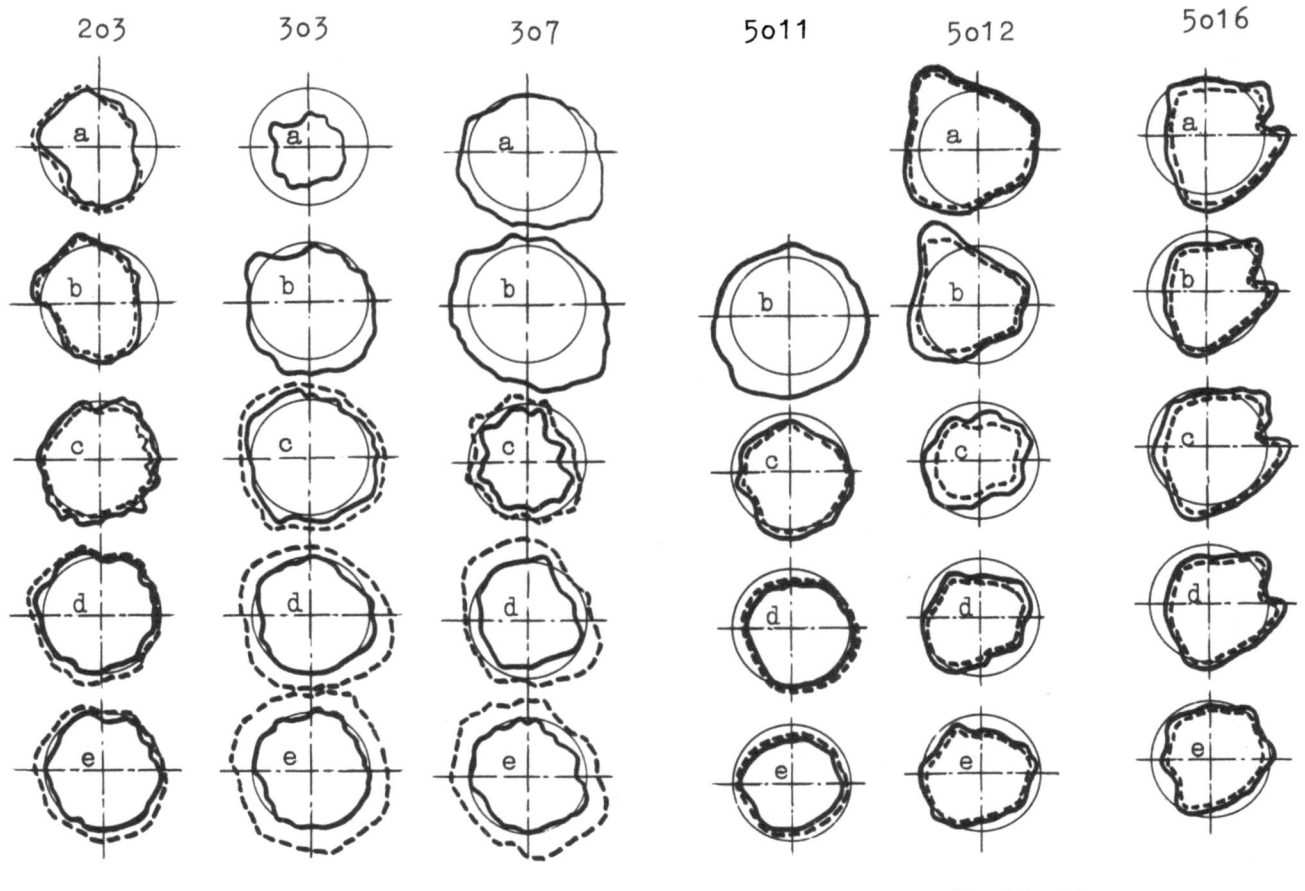

Kreissägeblatt
Nr. 203 - 400 x 2 x 34
Nr. 303 - 400 x 2,2 x 30
Nr. 307 - 400 x 2,2 x 30

Abbildung 6

Kreissägeblatt
Nr. 5011 - 500 x 2,8 x 40
Nr. 5012 - 400 x 2,2 x 30
Nr. 5016 - 400 x 2,2 x 30

Abbildung 7

A b b i l d u n g   6 und 7

Einfluß der Fertigungsgänge auf den Richt- und Spannungszustand

——————— Richtzustand (R)   — — — — Durchbiegung (D)

Spannungszustand S = D - R

a) angelassen,   b) gezahnt,   c) schwarz gerichtet,

d) plan geschliffen,   e) blank gerichtet

Folgerung:

Die Wärmebehandlung (Erwärmen, Abschrecken, Anlassen und Abschrecken) muß, abgesehen von der Einhaltung der richtigen Temperatur, systematisch und gleichmäßig erfolgen. Beim Härten und Anlassen ist darauf zu achten, daß die Sägeblätter möglichst gerade bleiben. Beulen und Verwerfungen können auch durch Entkohlung, die sich als Weichhaut bemerkbar macht, verursacht werden, da entkohlter Stahl sich anders ausdehnt bzw. zusammenzieht als nichtentkohlter. Beim Glühen muß also unbedingt die Weichhaut vermieden werden.

Bei einwandfreier Wärmebehandlung wird erreicht, daß nicht nur die Richt- und Spannarbeit erleichtert bzw. verringert wird, sondern daß gutes Arbeitsverhalten des Sägeblattes erhalten bleibt.

Es ist bekannt, daß im Ausland bei Kreissägeblättern kleinerer und mittlerer Durchmesser nach der Wärmebehandlung in besonderen Härteöfen und Einhaltung bestimmter Glühtemperatur und -dauer ein ausreichend ebener Richtzustand erreicht wird.

1.2 Zahnen

Beim Ausstanzen der Zähne erhält, wie mehrfache Beobachtungen im Betrieb gezeigt haben, die Zahnzone eine Spannung, so daß das Blatt sich nach der Seite aufwölbt, auf die der Stempel aufsetzt. Die Erklärung liegt in der Materialverschiebung beim Stanzvorgang. Der Stempel St (Abb. 8) reißt das Material der oberen Schichten F_1 mit und erzeugt durch das mitgerissene Material in der oberen Zone unter Fläche F_1 eine Zugspannung (+) und in der unteren über F_2 eine Druckspannung (-).

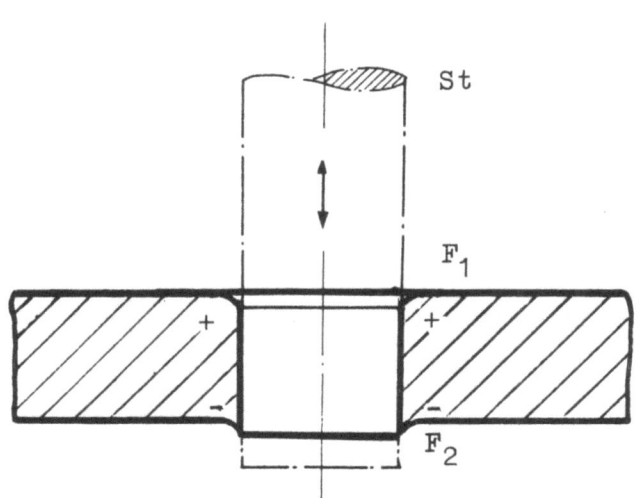

Abbildung 8
Werkstoffverschiebung durch den Stanzvorgang

Hiernach ergäbe sich eine Möglichkeit, das bei dem bisherigen üblichen Abkühlen auftretende Verwerfen der Sägeblätter dadurch zu verringern, daß man die Sägeblätter mit der konvexen Seite nach oben zahnt.

Da aber der Stempel bei der Aufwärtsbewegung dann klemmen würde, zieht man es in der Praxis vor, das Sägeblatt mit der konkaven Seite nach oben zu zahnen.

Aus einer Serie beurteilter bzw. untersuchter Sägeblätter sind in Abbildung 6 und 7 fünf Diagramme des Richtzustandes (R) und Durchbiegung (D) wiedergegeben und zwar a) vor und b) nach dem Zahnen. Bei einseitigen Abweichungen der stark ausgezogenen Richtzustandskurven vom Null-Kreis (der einem völlig ebenen Sägeblatt entspricht) liegt eine mehr oder weniger gleichmäßige Wölbung (= Kump) vor, die bei Blatt 303 und 307 (Abb. 6) vor dem Zahnen etwa 1,5 mm, bei Blatt 203 etwa 1 mm betrug.

Durch das Zahnen wird die äußere Zone unterbrochen, wodurch ein geringer Spannungsausgleich in der Zahnzone eintritt; die Charakteristik des Sägeblattes bleibt jedoch erhalten.

Der Spannungsausgleich wirkt sich auf den Spannungszustand $S = D - R$ (Abb. 6 Nr. 203; Abb. 7 Nr. 5012, 5016) in der Weise aus, daß das Sägeblatt etwas fester wird. In den Diagrammen ist daher die ausgezogene Kurve für den Richtzustand gegenüber der gestrichelten Kurve für die Durchbiegung nach dem Zahnen mehr nach dem Mittelpunkt gerückt als vor dem Zahnen, d.h. die Spannung ist fester geworden.

Die untersuchten Sägeblätter stammen aus 3 Serien, die ja nach der Wärmebehandlung mit scharfen Werkzeugen gezahnt wurden. Risse im Zahngrund wurden nicht festgestellt. Durch das Zahnen wird der Richtzustand nur geringfügig verbessert.

Folgerung:

Das Zahnen durch Ausstanzen muß insbesondere bei gehärteten und angelassenen Sägeblättern mit scharfen Schnittwerkzeugen erfolgen, da andernfalls Risse zu erwarten sind, die sich beim Schneiden erweitern und die eine Ursache für die Zerstörung des Blattes und von Unfällen werden können.

1.3 Schwarzrichten und Spannen

Zum Schwarzrichten von Kreissägen mit einem Durchmesser von ca. 400 mm sind, je nach der Ebenheit, im Mittel 100 (80 ... 120) Schläge mit dem Rundhammer bzw. 180 (120 ... 240) mit dem Querhammer erforderlich, abgesehen von den Schlägen zum Richten der Zähne und zur Beseitigung von

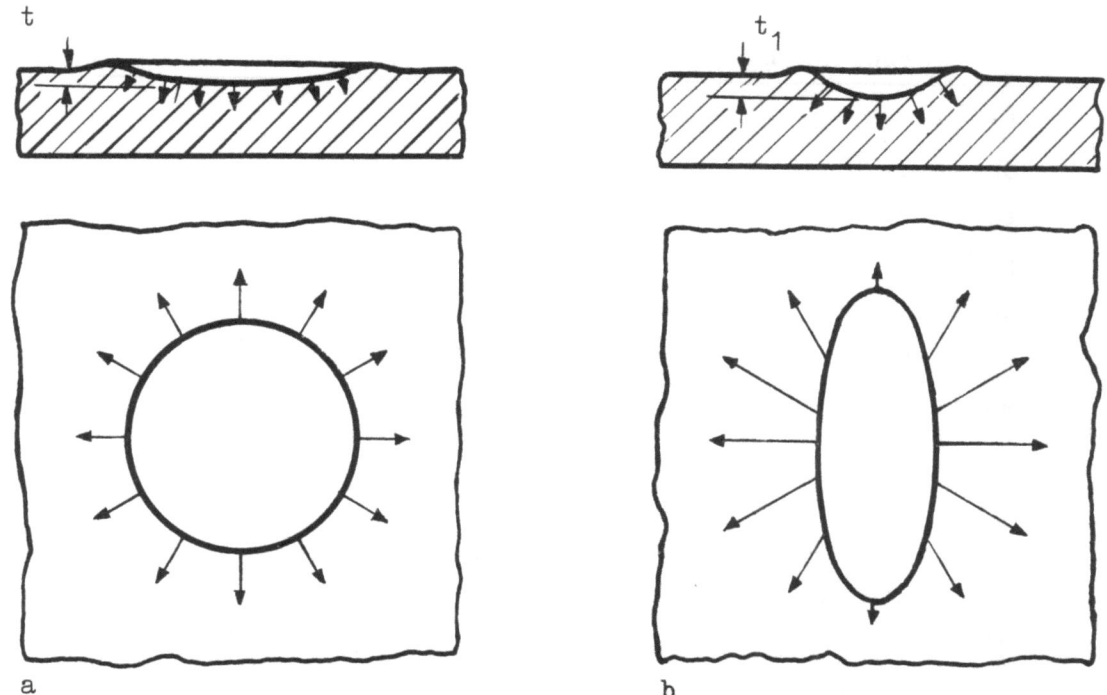

Abbildung 9

Spannungsverteilung in der Sägeblattoberfläche
durch Schlag mit a) Rundhammer, b) Quer- und Kreuzhammer

Ausbeulungen; mehr als die Hälfte der Schläge wird davon gleichmäßig ausgeführt.

Bei gleicher Schlagwucht ist die durch Rund- oder Querhammerschläge erzielte Verformung hinsichtlich der dabei zurückbleibenden Spannungen vermieden.

Beim Rundhammer mit leicht balliger Fläche entstehen radial vom Schlagmittelpunkt nach außen und in allen Richtungen verlaufende Druckspannungen (Abb. 9a), während beim Quer- bzw. Kreuzhammer mit länglicher Finne an ihrer Längsseite wesentlich größere Spannungen entstehen als an der Querseite (Abb. 9b). Der Eindruck ist daher tiefer und zeichnet sich stärker auf der Blattoberfläche ab als bei Rundhammerschlägen. Abbildung 1o zeigt ein schwarz gerichtetes Kreissägeblatt mit Rundhammerschlägen.

In nachstehender Tabelle sind die verschiedenen Arbeitsgänge mit Angabe der verwendeten Hammerarten zusammengestellt (s. Seite 16):

Arbeitsgang	Rundhammer	Querhammer
Richten der Zähne	x	
Schwarzrichten	(x)	x
Beseitigung von Buckeln		x
Spannen	x	x
Blankrichten	x	(x)
Nachspannen	x	
Beseitigung von Bucheln	x	(x)

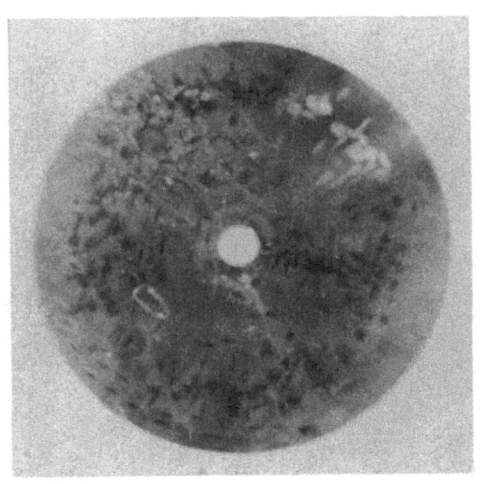

a b

Abbildung １o
Schwarz gerichtete Kreissägeblätter mit
a) Rundhammerschlägen, b) Rund- und Querhammerschlägen

Wie ersichtlich, werden für das Schwarzrichten, Spannen, Blankrichten sowohl der Rundhammer wie auch der Quer- bzw. Kreuzhammer trotz ihrer verschiedenartigen Wirkungsweise eingesetzt. Daraus geht hervor, daß es offenbar weniger auf die Art der Oberflächenverformung als vielmehr auf die Technik des Schlagens ankommt.

Grundsätzlich ist die Verteilung der Richtschläge ungleichmäßig und zwar je nach dem Grad der Ebenheit, der eine verschiedene Verformung erfordert (Abb.6: 2o3c, 3o7c; Abb.7: 5o12, 5o16). Die Spannungsschläge könnten gleichmäßig verteilt werden, was jedoch nicht immer erreicht werden kann.

Das Schlagen erfolgt auf beiden Seiten bei mehrfacher Drehung des Sägeblattes um 360°, so daß dann Stellen mit starker örtlicher Verdichtung durch mehrere Schläge mit Stellen geringerer Verdichtung durch weniger Schläge ungleichmäßig verteilt sind. Insbesondere entstehen an den Stellen, an denen mit dem Schlagen begonnen bzw. aufgehört wird, mehr oder weniger große Überlappungen oder Schlaglücken, die eine ungleichmäßige Spannungsverteilung bedingen.

Forderung und Folgerung:

Beim Spannen ist auf größte Gleichmäßigkeit der Schlagverteilung zu achten.

Eine größere Gleichmäßigkeit der Verformung wäre z.B. durch ein Walzverfahren möglich, das gegenüber dem Spannen mit Hammerschlägen den Vorzug hätte, daß zur Erzeugung einer der inneren Spannung entgegenwirkenden Oberflächenspannung eine geringere örtliche Verformung notwendig wäre.

In diesem Falle ist zu erwarten, daß der Verzug des Sägeblattes durch Überbeanspruchung und Temperaturerhöhung beim Schneiden geringer ist als der eines mit Hammerschlägen gerichteten Sägeblattes, d.h. also, daß der Richt- und Spannungszustand bei gewalzten Blättern dauerhafter wäre als bei gehämmerten Blättern.

Vermutlich ergäbe sich zeitlich ebenfalls ein Gewinn, da maschinelles Walzen der Spannung schneller vor sich geht als das Spannen von Hand, das ohnehin schon an den Sägenrichter höhere körperliche Anforderungen stellt als das Bedienen einer Walzmaschine, abgesehen davon, daß bei großen Sägeblättern 2 bis 3 Mann bzw. 1 Mann mehr als beim maschinellen Spannen erforderlich sind.

1.4 Schleifen und Polieren

Die Blattdickenunterschiede einerseits und die durch das Richten und Spannen entstehenden Unebenheiten andererseits müssen durch Schleifen zwischen Steinen oder durch Planschleifen beseitigt werden.

Durch den Abschliff, der im Mittel 0,2 mm (0,1 ... 0,3 mm) beträgt, wird zwar ein Teil der in die Oberflächen hineingearbeiteten Spannung unwirksam gemacht, der losere Spannungszustand blankgeschliffener Sägeblätter dürfte aber mehr auf die Querschnittsverringerung durch das Schleifen zurückzuführen sein. Aus Abbildung 6 und 7 geht hervor, daß der Spannungszustand nach dem Schleifen loser ist als vor dem Schleifen.

Nach den Diagrammen ist die Spannung loser, wenn die gestrichelte Kurve für die Durchbiegung gegenüber der festausgezogenen Kurve für den Richtzustand mehr nach außen liegt.

Beim Planschleifen auf 3 verschiedenen Planschleifmaschinen wurden Abweichungen der Blattdicke im Mittel von 0,006, 0,016 und 0,03 mm gemessen; nach DIN 5134 Bl. 4 beträgt die Toleranz für Kreissägen bis 200 mm Durchmesser ± 0,04 mm, bis 600 mm Durchmesser ± 0,06 mm.

Obwohl grundsätzlich beim Planschleifen mit dem Magnetfutter geringere Blattdickenunterschiede zu erzielen sind, kann der angeführte zulässige Unterschied bei entsprechender Sorgfalt auch beim Schleifen zwischen Steinen eingehalten werden.

Nach dem Schleifen wird eine weitere Verbesserung der Oberfläche durch Polieren mit Schmirgel erzielt.

Folgerung:
Das Schleifen verbessert nicht nur die Ebenheit, vielmehr ist nach den bisherigen Untersuchungen eine Veränderung der Spannung in der Mittelzone die Folge, so daß der Spannungszustand loser wird.

Über den Einfluß der Blattoberflächengüte auf die beim Schneiden durch Reiben der Sägespäne hervorgerufene Erwärmung des Sägeblattes sind bereits vor einigen Jahren Versuche durchgeführt worden (15).

Es wurde festgestellt, daß sich bei der ersten Inbetriebnahme eine glattere Oberfläche schon sofort günstiger auswirkt als beispielsweise eine schwarze Oberfläche, bei der allerdings dann nach einer gewissen Betriebsdauer auch eine ausreichende Glättung der Oberfläche eintritt.

1.5 Blankrichten

Wegen der durch das Schleifen bedingten Änderung des Richt- und Spannungszustandes werden die Sägeblätter bislang nachgerichtet bzw. nachgespannt, um den beabsichtigten Zustand zu erreichen, nämlich einen guten Richt- und den für den betreffenden Zweck und die in Frage kommende Drehzahl erforderlichen Spannungszustand (Abb. 6d und 7d). In einigen Fällen wurde dieser Zustand durch Blankrichten nicht mehr verbessert (Abb. 7: 5011).

Folgerung
Das Blankrichten ist in den Fällen erforderlich, in denen nach dem Schleifen der Idealzustand noch nicht erreicht ist. Der Einfluß des Blankrichtens

ist gering. Wenn es gelingt, die Sägeblätter nach dem Anlassen als ebene oder gleichmäßig gegenüber dem Mittelpunkt gewölbte Platinen zu erhalten, wäre es denkbar, die Richt- und Spannarbeit vor dem Schleifen so zu bemessen, daß nach dem Schleifen der Sollzustand erreicht ist. Der Einfluß der verschiedenen Fertigungsgänge auf den Richt- und Spannungszustand ist für 6 Sägeblätter aus einer Serie in Abbildung 11 graphisch dargestellt, und zwar sind die Extremwerte der Abweichungen von der Grundlinie (Null-Kreis) eingetragen.

Wie zu ersehen ist, wird der Richtzustand durch das Zahnen und etwa in gleichem Maße durch das Schwarzrichten wesentlich verbessert, was auch

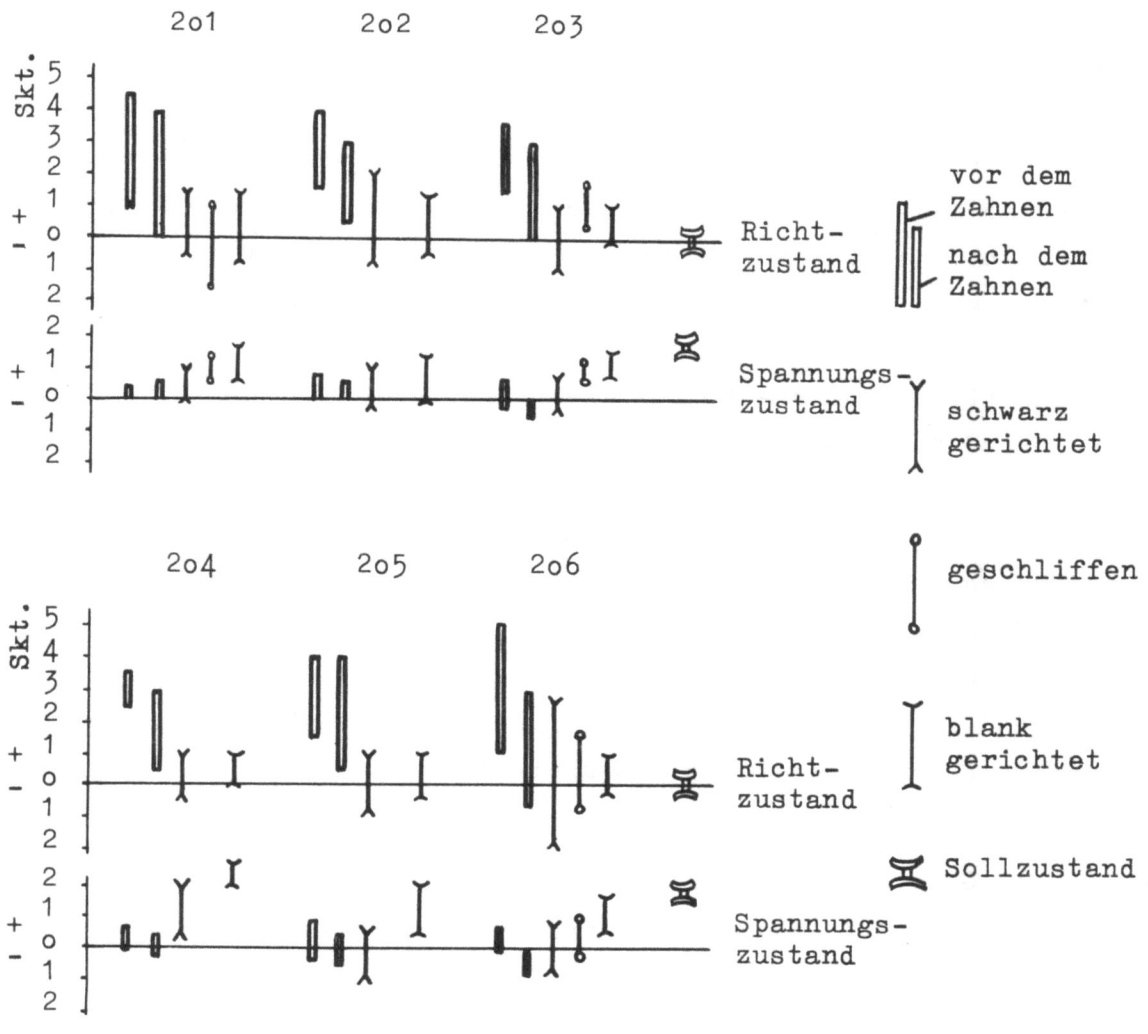

Abbildung 11

Einfluß der Fertigungsgänge auf den Richt- und Spannungszustand von 6 Kreissägeblättern aus einer Serie

aus den Diagrammen in Abbildung 6 und 7 zu entnehmen ist. Durch das Schleifen erfolgt eine Verrundung der Kurven, und der Spannungszustand wird loser.

Kritische Betrachtung der bisherigen klassischen Herstellungsweise:

Aus den Richt- und Spannungsdiagrammen von 20 Kreissägen, von denen Abbildung 6 und 7 nur 5 charakteristische Diagramme enthalten, geht hervor, daß mindestens 50 % bereits nach dem Zahnen konzentrische Kreise, d.h. einen in Bezug auf den Mittelpunkt annähernd symmetrischen Richtzustand aufweisen, der es gestattet, die Sägeblätter evtl. mit einem maschinellen Verfahren zu spannen.

Da auch mit weniger gut gerichteten und gespannten Sägeblättern geschnitten wird und bisher festgestellt wurde, daß erheblich größere Abweichungen des Richt- und Spannungszustandes vom Sollzustand schlechte Schnittgüte ergeben (vgl. Forschungsbericht Nr. 61), ist es fraglich, ob dem manuellen Richten und Spannen die bisherige Bedeutung beizumessen ist. Ferner wurde im genannten Forschungsbericht bereits angeführt, daß gehärtete und angelassene ungerichtete Sägeblätter mehr oder weniger verzogen waren, durch geeignete Schlitze aber gerade und eben wurden. Diese ungerichteten und ungespannten Kreissägen wiesen gegenüber normal gerichteten und gespannten bessere Laufeigenschaften und gleiche Schnittgüte auf, was sich auf Grund kurzer Schnittversuche ergab. Aus diesen Betrachtungen lassen sich fabrikatorische und konstruktive Verbesserungsvorschläge ableiten.

2. Maschinelles Richten und Spannen

Verbesserungen durch Maschinenarbeit anstelle von Handarbeit können sich in verschiedener Hinsicht auswirken:

a) Verringerung des menschlichen Arbeitsaufwandes (= Leistungssteigerung)
b) Ersatz von Facharbeitern (Mangelberuf) durch angelernte Kräfte
c) größere Gleichmäßigkeit der Erzeugnisse
d) Verbesserung der Eigenschaften der Erzeugnisse (Qualitätssteigerung).

Unter diesen Gesichtspunkten sind nachstehende Vorschläge zu bewerten, die in vergleichender Betrachtung gegenübergestellt und von denen einige praktisch erprobt sind.

2.1 Richten und Spannen durch Schlag

Ohne wesentliche Änderung des Richt- und Spannverfahrens könnte die Schlagarbeit mit dem Handhammer durch einen Maschinenhammer (z.B. Federhammer) ersetzt werden, wenn seine Wucht regelbar ist und der des Handhammers entspricht. Mit dem Maschinenhammer wäre es einerseits möglich, die Schlagstellen gleichmäßig zu verteilen, andererseits die Schläge besser örtlich zu konzentrieren und somit Beulen und Buckel leichter zu beseitigen. Der Vorteil gegenüber der Handarbeit läge in der Verringerung des körperlichen Leistungsbedarfs und der möglichen Steigerung des Ausstoßes. Nachteilig wäre der Lärm, der allerdings auch bei der Handarbeit entsteht.

2.2 Richten bzw. Spannen mit Druck

Auch durch mit entsprechendem Werkzeug örtlich ausgeübtem Druck lassen sich Kreissägen richten und spannen. Der Druck kann mit einer Presse (Exzenterpresse, hydraulische Presse) erzeugt werden. Voraussetzung ist wieder, daß er regelbar, jedoch beim gleichen Blatt, unabhängig von den Dickenunterschieden des Blattes, gleich bleibt. Wegen der im Vergleich zur Schlagarbeit längeren Druckdauer ist eine größere Tiefenwirkung und eine weniger starke Änderung des Spannungszustandes durch Schleifen der Oberfläche sowie bei der Beanspruchung beim Schneiden zu erwarten.

Die Vorteile sind etwa dieselben wie beim Schlagen mit dem Maschinenhammer. Hinzu käme die Lärmminderung. Als etwaiger Nachteil wäre zu erwähnen, daß die Maschine wegen der Beanspruchung beim Drücken kräftig ausgeführt sein müßte.

2.3 Richten bzw. Spannen durch Walzen

Grundsätzliches. Im Vergleich zum Richten und Spannen durch Rund- und Querhammerschläge wird beim Spannungswalzen die Spannung normalerweise kontinuierlich in das Blatt hineingewalzt und zwar entweder in konzentrischen Kreisen (Abb. 12a) oder als Spirale (Abb. 12b). Dem Walzdruck entsprechend sind die Walzspuren stark ausgezogen. Der Druck der Walzen muß verschieden stark eingestellt bzw. während des Walzens reguliert und seine Größe an einem Anzeigeinstrument abgelesen werden können.

Das Problem des Richtens liegt darin, daß bestimmte Teilbereiche des Sägeblattes bei ungleichmäßig verbogenem Zustand zur Herstellung der Ebenheit mehr Hammerschläge erhalten müßten als das übrige Blatt. Für das Spannungswalzen müßte also entweder die Wärmebehandlung (Härten und Anlassen) so verbessert werden, daß die Sägeblätter eben oder in Bezug auf den Mittelpunkt gleichmäßig gewölbt sind oder sie müßten auf diesen Zustand durch Richten gebracht werden.

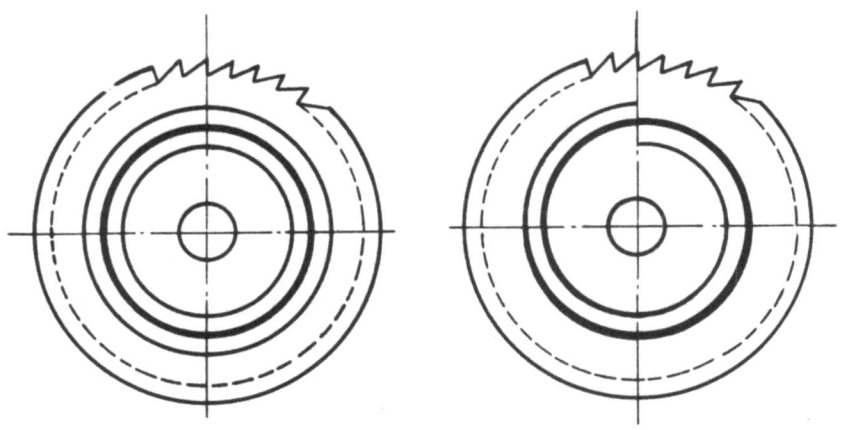

a) konzentrische Kreise   b) Spirale

A b b i l d u n g   12
Spannungswalzprinzipe

A b b i l d u n g   13
Behelfsmäßige Spannungswalzmaschine

Da es nach den bisherigen Untersuchungsergebnissen möglich ist, nach dem Anlaßprozeß Sägeblätter mit geringer oder gleichmäßiger Durchbiegung zu erhalten (vergl. Seite 13), wurde das Spannungswalzen mit einer behelfsmäßig umgearbeiteten Spannungswalzmaschine für Gattersägeblätter (Abb.13) versuchsweise an 2 Kreissägen durchgeführt, deren Diagramme in Abbildung 14 wiedergegeben sind.

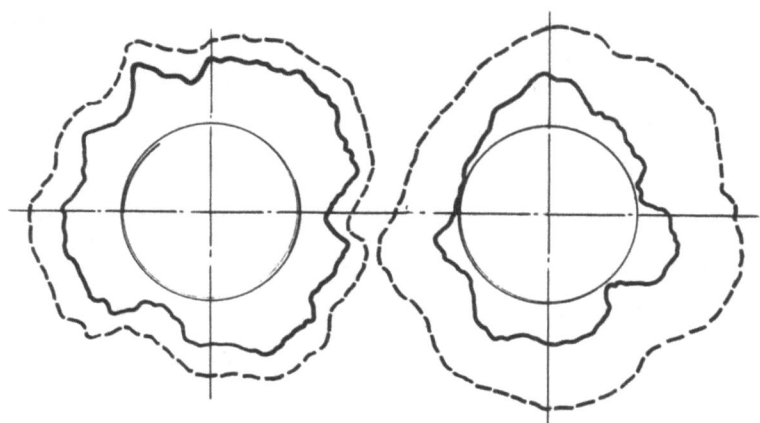

a) normaler Walzdruck b) starker Walzdruck

A b b i l d u n g 14

Richt- und Spannungszustand von 2 Kreissägeblättern
mit konzentrisch eingewalzter Spannung

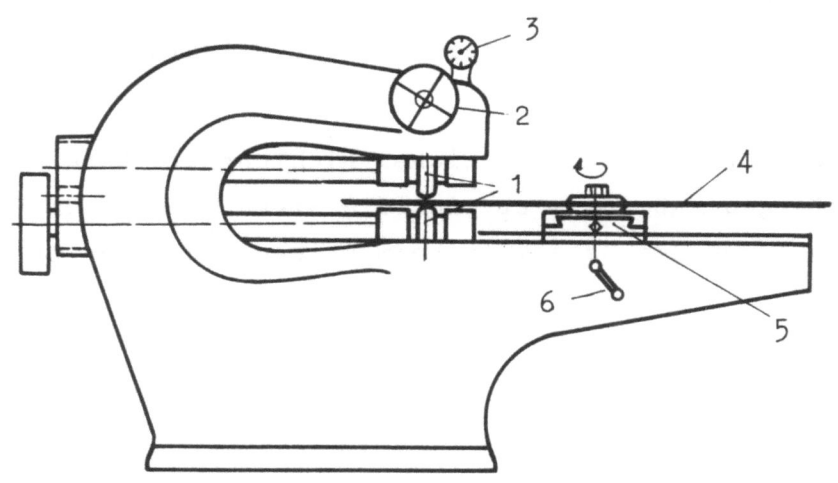

A b b i l d u n g 15

Spannungswalzmaschine, Prinzipskizze

1 Druckwalzen
2 Handrad für Druckeinstellung
3 Druckmesser
4 Kreissägeblatt
5 Schlitten
6 Kurbel für Schlittenverstellung

Im Vergleich zu Sägeblättern, die mit Hammerschlägen gerichtet sind und auch gespannt wurden, kann der Richtzustand als mittelmäßig, der Spannungszustand jedoch als gleichmäßig bezeichnet werden, z.B. in Abbildung 14a als normal, in Abbildung 14b als lose. Der Walzdruck war bei a) geringer als bei b).

Zur Durchführung systematischer Versuche wurde eine Spannungswalzmaschine "WK" in Zusammenarbeit mit der Firma Hiverkus, Berg.-Born, entwickelt (Abb. 15). Der Druck der beiden auswechselbaren Rollen (1) ist mittels des Handrades (2) bis ca. 2 to einstellbar und wird am Instrument (3) abgelesen. Der Antrieb beider Wellen erfolgt über Zahnräder von einem 0,5 kW-Motor. Die Walzrollen können als ballige Rotationskörper oder aber als an der Peripherie unterbrochener (zahnradartige) Körper ausgeführt werden. Die erste Art entspricht dem Rundhammer, die zweite dem Quer- oder Kreuzhammer. Sie können in Bezug auf die Ausbildung der Peripherie beide gleich oder verschieden sein, z.B. beide ballig, eine schwachballig - eine starkballig, eine ballig - die andere unterbrochen ballig, beide unterbrochen ballig.

Auf einem Dorn des in Richtung auf die Walzen verstellbaren Schlittens (5) wird das Kreissägeblatt (4) drehbar gelagert und mitgenommen. Die Verstellung des Dornes kann in Stufen für konzentrische Kreise mittels der Kurbel (6) von Hand oder, für kontinuierliches Spiralwalzen, maschinell erfolgen.

Durch Versuche wäre zu klären, in welcher Richtung die Verstellung zweckmäßigerweise erfolgen muß, d.h. ob sich die Erkenntnisse aus Vorversuchen bestätigen, nach denen das Sägeblatt beim Walzen von innen nach außen loser wird.

In nachstehender Tabelle sind die charakteristischen Merkmale der verschiedenen Verfahren zum Richten und Spannen wiedergegeben (s. nächste Seite).

3. Einfluß der Erwärmung auf den Richt- und Spannungszustand

Nach den im Jahre 1952 durchgeführten Versuchen mit zonaler Erwärmung in der Zahnzone verhalten sich die Kreissägen bezüglich des Flatterns sehr unterschiedlich.

Ein gewisser Zusammenhang der Laufeigenschaften von Sägen mit ausgeprägt gutem bzw. schlechtem Richt- und Spannungszustand wurde nachgewiesen.

Es war zu erwarten, daß auch die Schlagstellen bzw. die Beulen die Art der Verformung bei Erwärmung beeinflussen.

3.1 Grundversuche an Blattabschnitten

Um diese Zusammenhänge aufzudecken, wurden zunächst grundlegende Versuche an gehärteten und angelassenen Blattstücken durchgeführt, die den Zweck

Verfahren	Druckverteilung	Vorteile	Nachteile
Schlag mit Rund- oder Querhammer	örtlich, ungleicher Abstand	Richten, Buckel beseitigen und Spannen möglich	Lärm, Überlappung beim Schlagen, ungleichmäßige Schläge
Schlag mit Federhammer	örtlich, gleichmäßiger Abstand	Richten, Buckel beseitigen und Spannen möglich, das gleichmäßig erfolgen kann	Lärm
Druck mit Presse	örtlich, gleichmäßiger Abstand	geringer Lärm, Spannen kann gleichmäßig erfolgen	hohe Investitionskosten
Walzen	kontinuierlich	ohne Lärm, Spannen kann gleichmäßig erfolgen	Buckel müssen von Hand beseitigt werden; Richtzustand muß gegenüber Mittelpunkt symmetrisch sein

hatten, Einflüsse der Erwärmung festzustellen und zwar auf die

a) Tendenz der Verformung bei einseitiger Erwärmung
b) Dauer der Wärmedurchflutung von der erwärmten zur nicht erwärmten Blattseite
c) Grenztemperatur für bleibende Verformung nach dem Erwärmen
d) Entstehung von Beulen durch örtliche Erwärmung
e) Beeinflussung gehämmerter Beulen bei Erwärmung

Die Versuchsanordnung ist in Abbildung 16 skizziert. Das Stahlblatt B (Abmessungen 300x80x2 mm) wurde in einen Schraubstock gespannt und ein Ablesemikroskop auf die Kante des oberen Blattendes eingestellt. Die Erwärmung erfolgte mit einem kleinen Schweißbrenner im mittleren Blatteil, und zwar in einer Breite von ca. 80 mm. Die Blatt-Temperatur wurde mit den Thermochrom-Temperaturmeßstiften (von Firma A.W. Faber) bestimmt.

Der Verlauf der Durchbiegung "d" in Abhängigkeit von der Zeit ist in Abbildung 17 dargestellt. Kurz nach Beginn der Erwärmung (Blatt-Temperatur etwa 280°C) verbiegt sich das Blatt je nach Härte und Gefügezustand nach der der Flamme abgekehrten oder zugekehrten Seite, um sich dann nach etwa

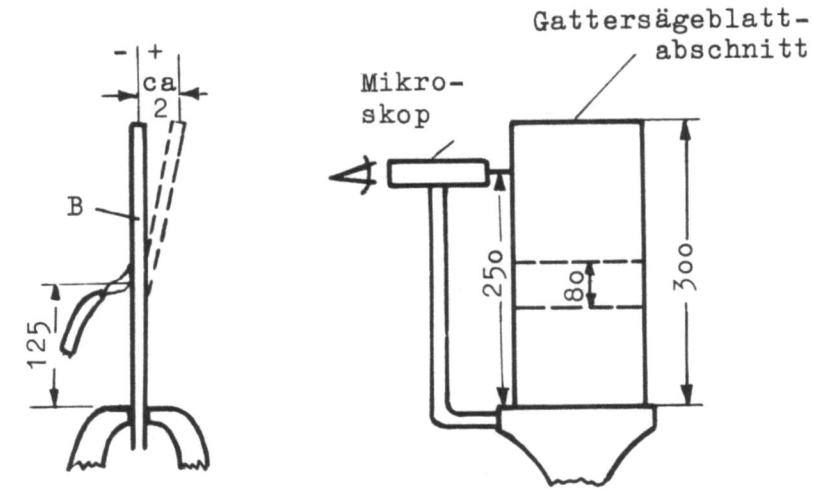

Abbildung 16

Einfluß der Erwärmung auf einen Stahlblechabschnitt;
Versuchsanordnung

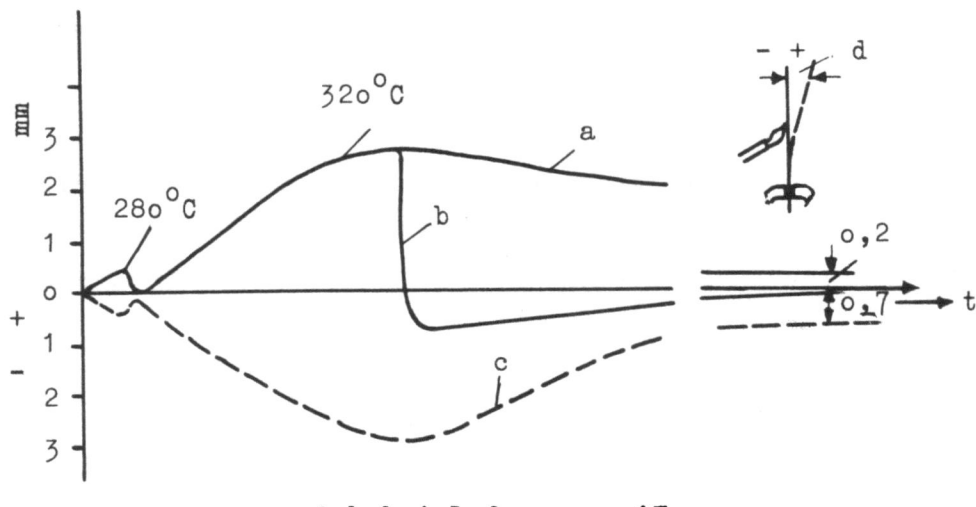

Abbildung 17

Verlauf der Verformung eines zonal erwärmten Stahlblechabschnittes

1 bis 2 Sekunden wieder gerade zu stellen. In dieser Zeit ist nämlich die Wärme bis zur anderen Blattseite durchgedrungen, so daß sich der gesamte Querschnitt des erwärmten mittleren Blatteiles gleichmäßig ausdehnt und keine Durchbiegung auftritt.

Bei weiterer Erwärmung verbiegt sich das Blatt erneut im gleichen Sinne, jedoch um den mehrfachen Betrag. Beim Wegnehmen des Schweißbrenners geht die Biegung langsam zurück (Kurve a) oder springt plötzlich nach der anderen Seite um (Kurve b). Beim Erwärmen der anderen Blattseite verbiegt sich das Blatt in umgekehrtem Sinne. Wir erhalten die spiegelbildliche Kurve c. Zu bemerken ist, daß im zweiten Falle beim Abkühlen mit Wasser nach dem Wegnehmen des Schweißbrenners der Vorgang beschleunigt wurde. Bei Temperaturen von etwa 320 °C und höher treten bleibende Verformungen nach der Erwärmung ein und zwar je nach dem Zustand des Blattes nach der einen oder anderen Seite. Bei schneller Abkühlung wurde eine etwa 3-fach so hohe bleibende Verformung festgestellt wie nach langsamer Abkühlung.

Das Umspringen der Kurve nach Wegnahme der Erwärmung (Kurve d) wurde nur bei der ersten Erwärmung festgestellt.

Wird eine in das 2 mm starke Blatt mit einem Rundhammer hineingearbeitete Beule von 25 mm Durchmesser und einer Tiefe von etwa 0,7 mm auf ca. 350 °C örtlich erwärmt, gleichgültig auf welcher Seite, dann wird die Beule hinsichtlich ihrer Tiefe bzw. Höhe größer; im vorliegenden Falle betrug die Veränderung 0,4 mm. Die Ursache dafür liegt offenbar in der Auswirkung der durch den Hammer hineingeschlagenen Oberflächenspannung. Wird die Beule nochmals erwärmt, so tritt keine sichtbare Veränderung ein, da ein Spannungsausgleich schon bei der ersten Erwärmung der Beule erfolgte.

Aus diesen Grundversuchen ergeben sich für weitere Versuchsreihen folgende Ergebnisse:
a) Bei einer Temperatur von etwa 320 °C und höher treten bleibende Verformungen auf, d.h. der Richt- und Spannungszustand ändert sich;
b) bei einseitiger Erwärmung erfolgt in wenigen Sekunden ein Wärmeausgleich quer durch das Blatt;
c) vorhandene Beulen werden durch erstmaliges Erwärmen nach der konvexen Seite vergrößert.

3.2 Grundversuche an Kreissägeblättern

Um nun den Einfluß der Erwärmung auf den Richt- und Spannungszustand von Kreissägeblättern (450x2,2x30) zu ermitteln, wurden diese auf der senkrechten Welle des Richt- und Spannungsprüfgerätes zwischen Flansche eingespannt und mit einem Schweißbrenner kleinster Düse durch verhältnismäßig schnelles Umfahren der ganzen Blattoberfläche einseitig erwärmt; ferner wurden ebenso die Blätter in der Zahn- und Spannungszone erwärmt. Die Änderungen des Richt- und Spannungszustandes sind in den Kreisdiagrammen ersichtlich. In den Diagrammen der Abbildungen 18, 19 und 20 ist der

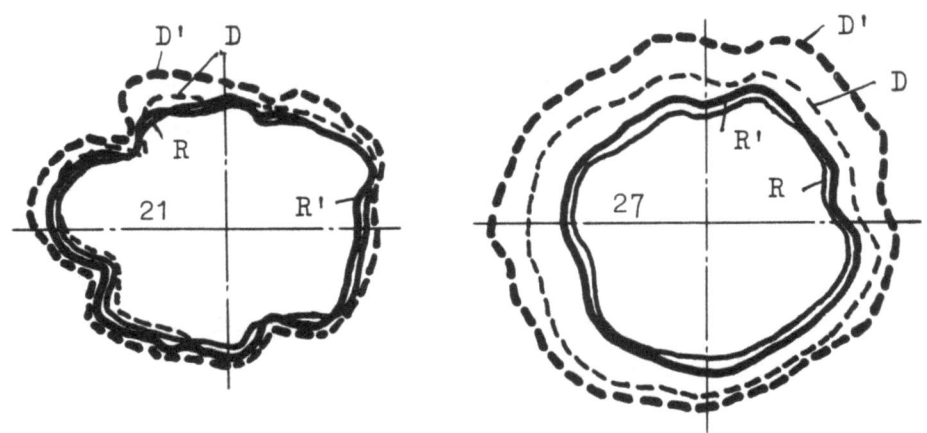

Abbildung 18

Einfluß der Erwärmung des ganzen Kreissägeblattes
auf den Richt- und Spannungszustand von Nr. 21 und 27 (450 x 2,2 x 30)

Richtzustand $\left.\begin{array}{l}R \text{ vor}\\ R' \text{ bei}\end{array}\right\}$ Erwärmung, Durchbiegung $\left.\begin{array}{l}D \text{ vor}\\ D' \text{ bei}\end{array}\right\}$ Erwärmung

Spannungszustand $\left.\begin{array}{l}S = D - R \text{ vor}\\ S' = D' - R' \text{ bei}\end{array}\right\}$ Erwärmung

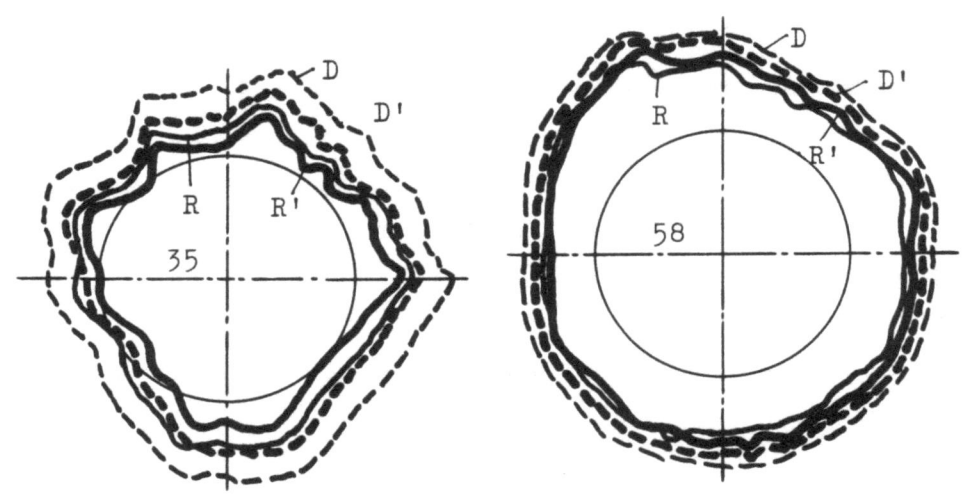

Abbildung 19

Einfluß der Erwärmung in der Randzone durch Überbeanspruchung auf den
Richt- und Spannungszustand von Kreissäge Nr. 35 und 58 (450x2,2x30)

Richtzustand $\left.\begin{array}{l}R \text{ vor}\\ R' \text{ nach}\end{array}\right\}$ der Überbeanspruchung

Durchbiegung $\left.\begin{array}{l}D \text{ vor}\\ D' \text{ nach}\end{array}\right\}$ der Überbeanspruchung

Spannungszustand $\left.\begin{array}{l}S \text{ vor}\\ S' \text{ nach}\end{array}\right\}$ der Überbeanspruchung

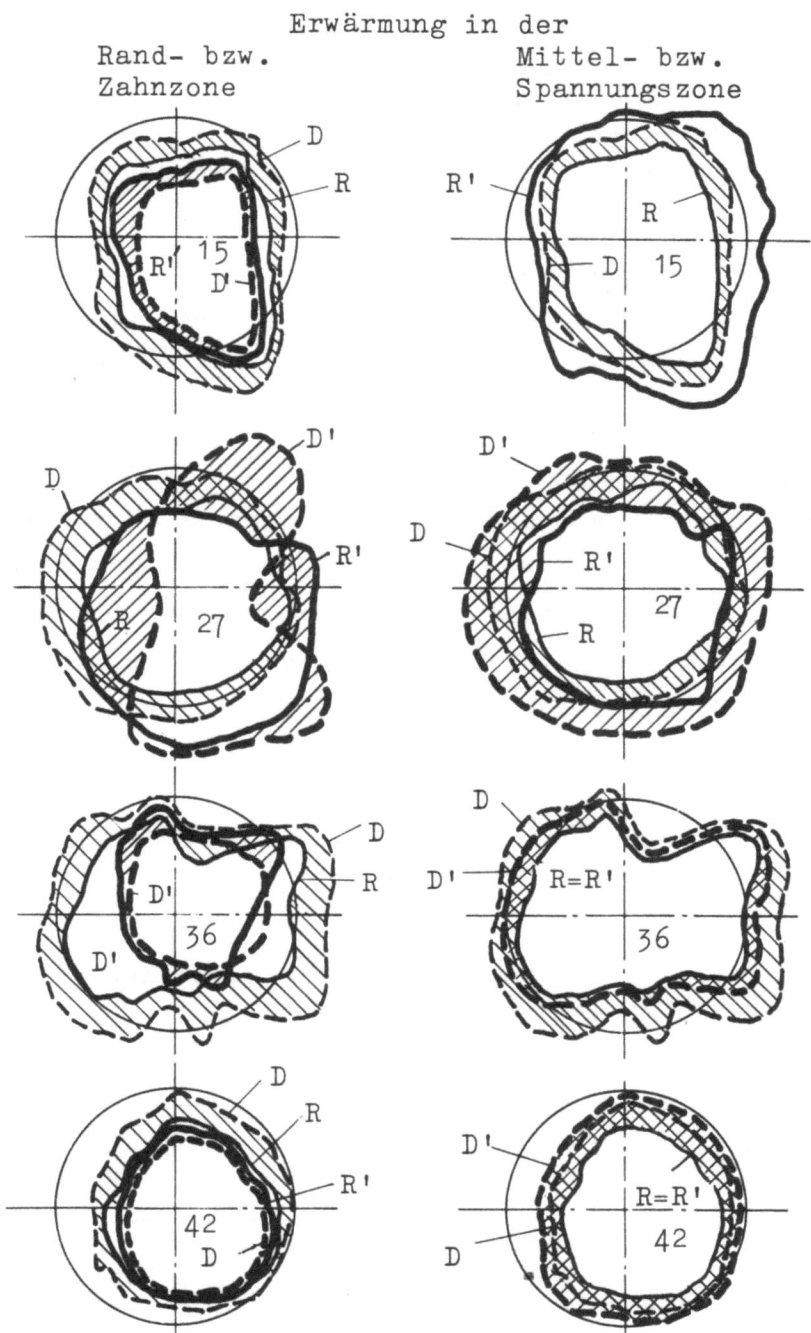

Abbildung 20

Einfluß zonaler Erwärmung auf den Richt- und Spannungszustand
von Kreissägen Nr. 15; 27; 36; 42 (450x2,2x30)

Richtzustand $\left.\begin{array}{l}R \text{ vor}\\ R' \text{ bei}\end{array}\right\}$ Erwärmung

Durchbiegung $\left.\begin{array}{l}D \text{ vor}\\ D' \text{ bei}\end{array}\right\}$ Erwärmung

Spannungszustand $\left.\begin{array}{l}S = D - R \text{ vor}\\ S' = D' - R' \text{ bei}\end{array}\right\}$ Erwärmung

Richtzustand mit R', die Durchbiegung mit D' für den erwärmten Zustand, mit R und D für den Ausgangszustand bei Raumtemperatur bezeichnet. Der Spannungszustand ergibt sich also zu S = D - R bzw. S' = D' - R'. Wie aus Abbildung 18 ersichtlich ist, führte die Erwärmung des ganzen Sägeblattes auf 120 °C zu geringfügiger Änderung des Spannungszustandes, die aber nach dem Abkühlen wieder zurückgegangen war; der Abstand der beiden Kurven wurde nach dem Erwärmen größer (S < S'), d.h. daß das ganze erwärmte Blatt loser ist als bei Raumtemperatur.

Anders werden die Spannungsverhältnisse bei zonaler Erwärmung. In Abbildung 19 sind die Veränderungen für Kreissägeblatt Nr. 35 und Nr. 58 bei zonaler Erwärmung durch Überbeanspruchung angegeben. Die Kreissägeblätter hatten eine Drehzahl von 3000 U/min und wurden durch Bremsbackenreibung bis auf etwa 320 °C, stellenweise noch höher, so erwärmt, daß Brandflecken entstanden. Ebenso wie die über 320 °C erwärmten Blechabschnitte eine bleibende Verformung aufwiesen, änderte sich auch bei den Kreissägen der Spannungszustand, der dabei fester wurde. Der Richtzustand blieb im Gegensatz dazu fast unverändert.

Abbildung 20 zeigt Diagramme für 4 Sägeblätter und zwar a) bei Erwärmung der Randzone, b) bei Erwärmung der Mittelzone.

In nachstehender Tabelle sind noch einmal die einzelnen Veränderungen zusammenhängend aufgeführt:

Kreissägeblatt Nr.	Erwärmung der Randzone (65°C)	Erwärmung der Mittelzone (100°C)
15	Richtzustand ähnlich wie bei Raumtemperatur; Kump; Spannungszustand fester;	Richtzustand ähnlich wie bei Raumtemperatur; Kump nach anderer Seite;
27	Sägeblatt stark verworfen ('Acht');	Richtzustand ähnlich wie bei Raumtemperatur; Spannungszustand loser;
36	Richtzustand verzogen; Kump; Spannungszustand fester;	Richtzustand unverändert; Spannungszustand etwas fester;
42	Richtzustand fast unverändert; Kump; Spannungszustand fester;	Richtzustand unverändert; Spannungszustand etwas loser;

Forschungsberichte des Wirtschafts- und Verkehrsministeriums Nordrhein-Westfalen

Aus vorstehenden Erwärmungsversuchen von 8 Kreissägen mit geometrisch gleichen Abmessungen, jedoch verschiedenem Richt- und Spannungszustand wurden folgende Feststellungen gemacht:

a) Die Erwärmung der Randzone ruft wesentlich größere Änderungen der Ebenheit hervor als die gleiche Erwärmung der Spannungszone;

b) eine verhältnismäßig geringfügige Erwärmung der Randzone um etwa 30 °C bewirkt bereits einen starken Verzug im elastischen Bereich, der durch die eingehämmerte Spannung nicht vollständig ausgeglichen werden kann;

c) der Spannungszustand wurde bei den in der Zahnzone erwärmten Sägeblättern fester, bei auf der ganzen Oberfläche erwärmten loser;

d) werden die Kreissägen in der Spannungszone erwärmt, bleibt die Richtzustandskurve annähernd erhalten;

e) Erwärmungen über 320 °C rufen bleibende Änderung des Spannungszustandes hervor, und zwar wird das Sägeblatt bei Erwärmung der Zahnzone fester.

3.3 Zonale Wärmebehandlung

Nach den bisherigen Ergebnissen bei Erwärmungsversuchen kann die Spannung auch durch verschieden starkes Erwärmen und Abschrecken erzeugt werden.

Dieser Weg ist schon vor vielen Jahren beschritten worden, wurde jedoch wegen der bei den damals verwendeten elektrischen Heizkörpern sich ergebenden Schwierigkeiten verlassen.

Es wäre denkbar, daß man durch zonales Erwärmen und Abschrecken bzw. Anlassen Spannungen erzeugen könnte, die gleiche Wirkung haben wie das klassische Richten und Spannen. Untersuchungen dieser Art würden jedoch über den Rahmen dieser Arbeit hinausgehen.

3.4 Rotationshärten

Wegen der mehr oder weniger starken Verzugsmöglichkeit bei der bisherigen, in Bezug auf die Blattachse ungleichmäßigen Wärmebehandlung ist man schon verschiedentlich auf den Gedanken gekommen, die Erwärmung mit elektrischer oder Gasbeheizung bei Rotation der Blätter vorzunehmen. Bei einer der Blattgröße entsprechend angepaßten Drehzahl könnte das rotierende Blatt in rotwarmem Zustand durch die Fliehkraft gerichtet und gespannt werden. Das Abschrecken könnte dann durch seitliches Besprühen mit Wasser oder Öl erfolgen. Es wäre denkbar, daß man durch zonales Abschrecken, z.B. der Randzone, einen bestimmten Spannungseffekt erzielen könnte, wenn nicht schon durch das vollständige Abschrecken des Blattes bei Rotation ein Spannungszustand erhalten bleibt, der unter Umständen besser ist als die nach den bisherigen Verfahren nachträglich durch Hammerschläge hineingearbeitete Blattspannung. Der zweite Effekt wäre, daß nur die äußere Blattzone, die in der Regel bis zu einem Drittel des Blatthalbmessers durch Nachschärfen abgenutzt wird, die zum Schneiden erforderliche Härte aufweisen würde; die mittlere Zone ist dann wegen des langsameren Abkühlens nicht so hart und daher vermutlich auch weniger rißempfindlich.

Das Anlassen dieser rotationsgehärteten Blätter könnte wie bisher oder ebenfalls bei Rotation erfolgen.

Diese Möglichkeit der Wärmebehandlung ist nur der Vollständigkeit halber aufgeführt, Versuche wurden im Rahmen dieser Arbeit nicht durchgeführt.

4. Berechnung der durch Erwärmung und Fliehkraft hervorgerufenen Blattspannungen bei zonaler Erwärmung

Die Rechnung ist ein unerläßliches Hilfsmittel für die Praxis und soll nicht nur die Richtigkeit der in der Praxis gemachten Beobachtungen und Annahmen bestätigen, sondern mit Hilfe von weitgehend vereinfachten Formeln jeden auftretenden Betriebszustand zu beurteilen ermöglichen; graphische Darstellungen veranschaulichen dabei eindrucksvoll die Zusammenhänge und führen oft genug zu Erkenntnissen, die Grundlage und Voraussetzung sind für die zweckmäßigere Gestaltung und Herstellung von Werkzeugen.

Für das Arbeitsverhalten (Verziehen, Flattern) der Kreissägeblätter beispielsweise sind die inneren radialen und tangentialen Spannungen maßgebend, die einerseits durch die Fertigungsgänge (Härten, Anlassen, Richten, Spannen), andererseits durch die beim Sägen hervorgerufene Fliehkraft und auftretende Erwärmung vorübergehend oder bleibend erzeugt werden.

In den folgenden Gleichungen bedeuten:

E Elastizitätsmodul $2 \cdot 10^6$ (kg/cm²)

a Bohrungshalbmesser (cm)

b Blatthalbmesser (cm)

r veränderlicher Radius (cm): $r \geq a$; $r \leq b$

μ Querzahl

α linearer Ausdehnungskoeffizient $1{,}17 \cdot 10^{-5}$ (1/°C)

t Temperaturunterschied (°C) innerhalb des Sägeblattes

Die radiale Spannung σ_r errechnet sich nach der Gleichung

$$(1) \quad \sigma_r = \frac{E\alpha}{1-\mu} \left[-\frac{1}{r^2} \int_a^r tr\,dr + \frac{r^2-a^2}{r^2(b^2-a^2)} \int_a^b tr\,dr \right]$$

die tangentiale Spannung σ_t errechnet sich nach der Gleichung

$$(2) \quad \sigma_t = \frac{E\alpha}{1-\mu} \left[\frac{1}{r^2} \int_a^r tr\,dr + \frac{r^2+a^2}{r^2(b^2-a^2)} \int_a^b tr\,dr - t \right]$$

Aus den Gleichungen (1) und (2) können für den allgemeinen Fall mit den 2 Unbekannten t und r die Gleichungen für die 3 charakteristischen Fälle der zonalen Erwärmung abgeleitet werden, für die die Temperaturverteilung nach bestimmten Gleichungen angenommen wird und wie sie etwa der Praxis entspricht, und zwar für die Erwärmung der Zahnzone, der Bohrungszone und der Mittelzone (Abb. 21). Die höchste Temperatur bei Erwärmung soll dabei 25 °C bzw. 12,5 °C betragen.

4.1 Erwärmung der Zahnzone

Bei Erwärmung der Zahnzone wird die Temperaturverteilung gemäß Gleichung

$$(3) \quad t = t_{max} \left(\frac{r}{b}\right)^2 \quad (°C)$$

angenommen. Dieser Gleichung entspricht die Kurve nach Abbildung 21a. Setzt man die Werte der Gleichung (3) in die Gleichungen (1) und (2) ein, so ergeben sich die Gleichungen (4) und (5):

$$(4) \quad \sigma_r = \frac{t_{max}\alpha E}{4(1-\mu)} \cdot \frac{(r^2-a^2)(b^2-r^2)}{r^2 b^2}$$

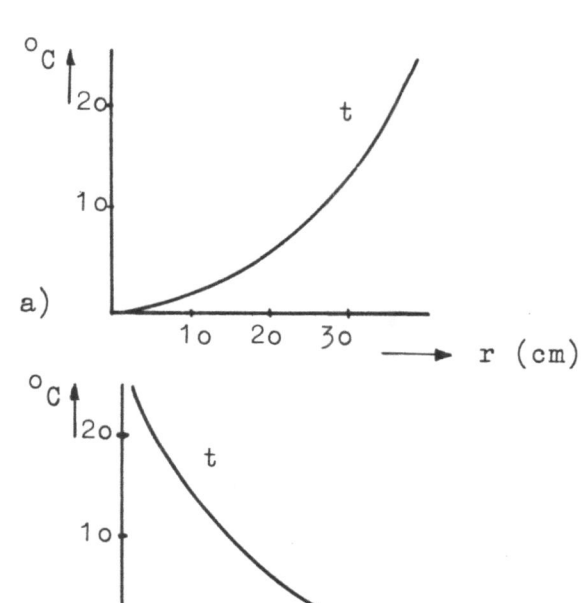
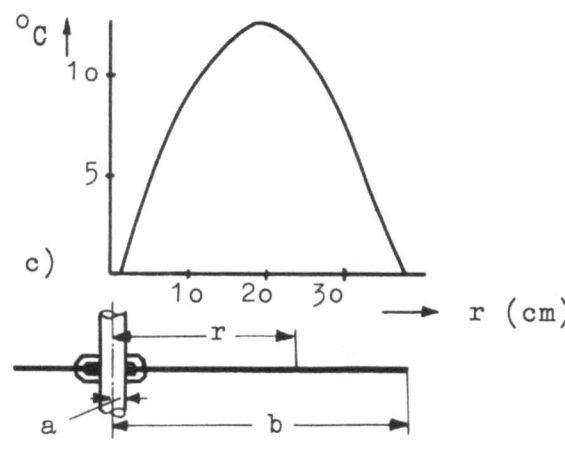

A b b i l d u n g 21
Temperaturverteilung bei zonaler Erwärmung
a) der Zahnzone, b) der Bohrungszone
c) der Mittelzone

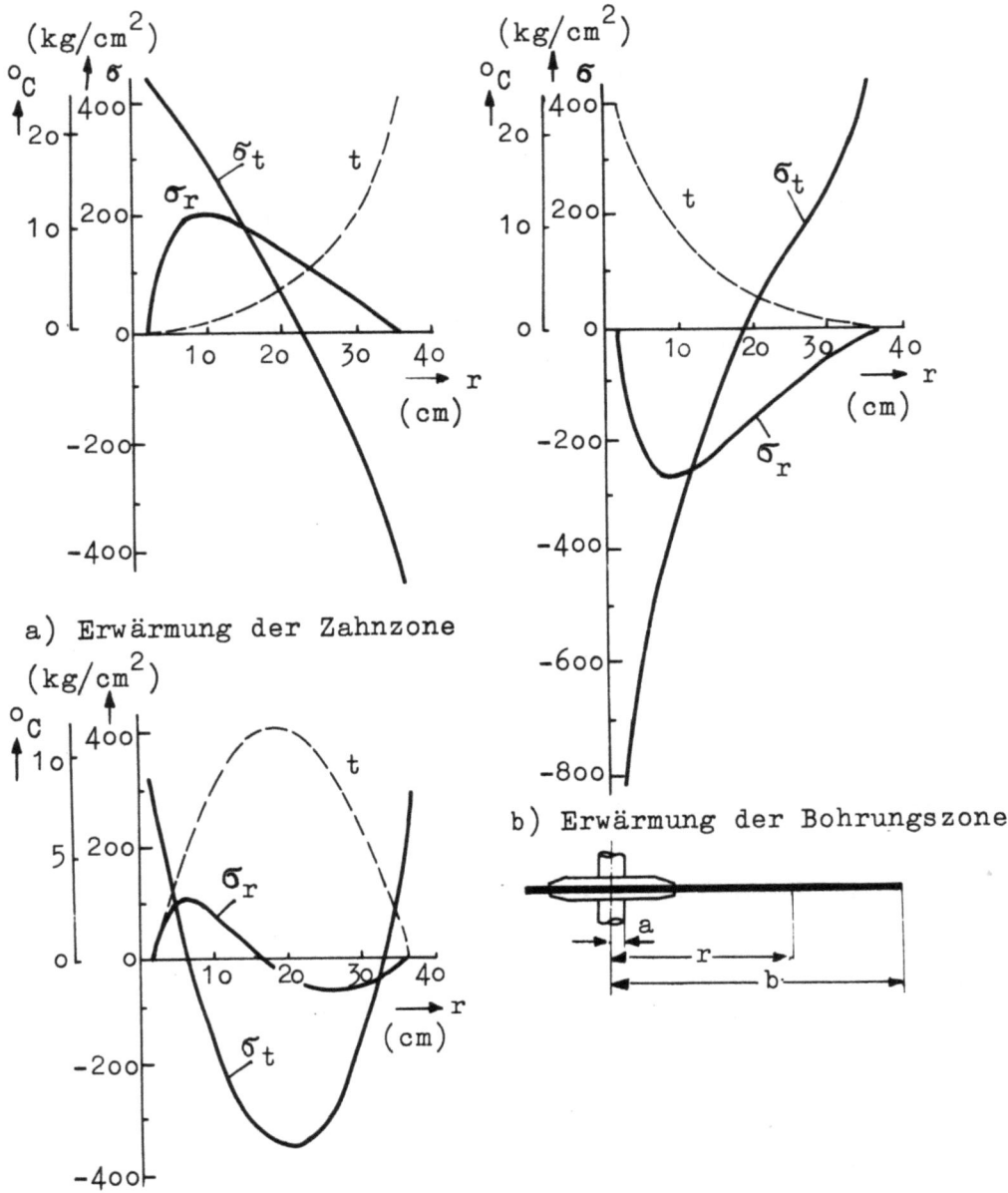

a) Erwärmung der Zahnzone

b) Erwärmung der Bohrungszone

c) Erwärmung der Mittelzone   Ausgangszustand ungespannt

Abbildung 22

Spannungszustand nicht rotierender Kreissägeblätter
bei zonaler Erwärmung

t Temperatur, σ_r Radialspannung, σ_t Tangentialspannung

$$(5) \qquad \sigma_t = \frac{t_{max} \alpha E}{4(1-\mu)} \cdot \left[\frac{(r^2 + a^2)(b^2 + a^2) - a^4 - 3r^4}{r^2 b^2} \right]$$

Um vorstehende Gleichungen graphisch darstellen zu können, müssen noch die Blattabmessungen festgelegt werden:

Forschungsberichte des Wirtschafts- und Verkehrsministeriums Nordrhein-Westfalen

$$\text{Bohrungshalbmesser} \quad a = 1,5 \text{ cm}$$
$$\text{Blatthalbmesser} \quad b = 35 \text{ cm}$$
$$\text{maximale Temperatur } t_{max} = 25\ °C$$

Für diese Werte erhält man aus den Gleichungen (4) und (5) den Verlauf der radialen und tangentialen Spannungen nach Abbildung 22.

4.2 Erwärmung der Bohrungszone

Erfolgt die Wärmezufuhr von der Bohrung aus und verläuft die Temperatur nach der Gleichung (bzw. Kurve 21b)

$$(6) \qquad t = t_{max}\left(\frac{b-r}{b}\right)^2 \quad (°C),$$

so ergeben sich die Spannungen aus den folgenden Gleichungen (7) und (8)

$$\sigma_r = \frac{t_{max} \cdot \alpha \cdot E}{(1-\mu) \cdot b^2 \cdot r^2} \cdot \left[\frac{r^2 - a^2}{b^2 - a^2} \cdot (A) - (B)\right]$$

(7) $\quad A = (\frac{1}{12} b^4 - \frac{1}{4} a^4 - \frac{1}{2} a^2 b^2 + \frac{2}{3} a^3 b)$

$\quad B = (\frac{1}{2} b^2 \left[r^2 - a^2\right] + \frac{1}{4}(\left[r^4 - a^4\right] - \frac{2}{3}b\left[r^3 - a^3\right])$

$$\sigma_t = \frac{t_{max} \cdot \alpha \cdot E}{(1-\mu) \cdot b^2 \cdot r^2} \cdot \left[\frac{r^2 + a^2}{b^2 - a^2} \cdot (A) + (B) - r^2(b-r)^2\right]$$

(8) $\quad A = (\frac{1}{12} b^4 - \frac{1}{4} a^4 - \frac{1}{2} a^2 b^2 + \frac{2}{3} a^3 b)$

$\quad B = (\frac{1}{2} b^2 \left[r^2 - a^2\right] + \frac{1}{4}(\left[r^4 - a^4\right] + \frac{2}{3}b\left[r^3 - a^3\right])$

Zur graphischen Darstellung setzt man die Werte a und b aus dem Abschnitt 4.1 ein und erhält eine Spannungsverteilung nach Abbildung 22b.

4.3 Erwärmung der Mittelzone

Bei Erwärmung der Mittelzone und einer Temperaturverteilung gemäß Abbildung 21c nach Gleichung

$$(9) \qquad t = t_{max} \cdot \left[\frac{-4}{(a-b)^2} \cdot \left(r - \frac{a+b}{2}\right)^2 + 1\right]$$

erhält man aus den Gleichungen (1) und (2) die Gleichungen (10) und (11):

$$(10) \quad \sigma_r = \frac{t_{max} \cdot \alpha \cdot E}{1 - \mu} \cdot \left[-\frac{1}{r^2}(A) + \frac{r^2 - a^2}{r^2(b^2 - a^2)}(B) \right]$$

$$A = \left(\frac{-4}{(a-b)^2} \left\{ \frac{1}{4}\left[r^4 - a^4\right] - \frac{1}{3}[a+b]\left[r^3 - a^3\right] + \frac{1}{8}[a+b]^2\left[r^2 - a^2\right] \right\} + \frac{1}{2}\left[r^2 - a^2\right] \right)$$

$$B = \left(\frac{-4}{(a-b)^2} \left\{ \frac{1}{4}\left[b^4 - a^4\right] - \frac{1}{3}[a+b]\left[b^3 - a^3\right] + \frac{1}{8}[a+b]^2\left[b^2 - a^2\right] \right\} + \frac{1}{2}\left[b^2 - a^2\right] \right)$$

$$(11) \quad \sigma_t = \frac{t_{max} \cdot \alpha \cdot E}{1 - \mu} \cdot \left[\frac{1}{r^2}(A) + \frac{r^2 + a^2}{r^2(b^2 - a^2)}(B) + \frac{4}{(a-b)^2}\left(r - \frac{a+b}{2}\right)^2 - 1 \right]$$

(A) und (B) wie in Gleichung (1o).

Setzt man vorstehende Werte a und b sowie für t_{max} = 12,5 °C ein, so verläuft die Spannung gemäß Abbildung 22c. Für t_{max} ist nur die halbe bei Erwärmung der Rand- oder Bohrungszone auftretenden Höchsttemperatur eingesetzt, da der Wärmefluß bei gleicher Wärmezufuhr in der Mittelzone sich nach 2 Richtungen verteilt.

4.4 Einwirkung der Fliehkraft

Die durch die Fliehkraft hervorgerufenen Spannungen werden nach den Gleichungen (12) und (13) berechnet:

$$(12) \quad \sigma_r = \frac{\gamma(3 + \mu)}{72 \cdot 10^7} \cdot n^2 \cdot \frac{(b^2 - r^2)(r^2 - a^2)}{r^2}$$

$$(13) \quad \sigma_t = \frac{\gamma}{72 \cdot 10^7} \cdot n^2 \cdot \left[(3 + \mu)\left(b^2 + a^2 + \frac{b^2 a^2}{r^2}\right) - (1 + 3\mu)r^2 \right]$$

Es bedeuten:

spez. Gewicht γ = 7,85 kg/dm³
Drehzahl n Umdr./min

Für die dem Blattdurchmesser entsprechende Betriebsdrehzahl von 16oo (12oo) Umdr./min bzw. v ca. 6o (4o) m/sek ergibt sich die Spannungsverteilung nach Abbildung 23 (s. nächste Seite):

<u>Ergebnis:</u> Vergleicht man den Verlauf der Spannungen für die 3 typischen Fälle der Erwärmung gemäß Abbildung 22 und den Spannungsverlauf ohne Erwärmung mit Wirkung der Fliehkraft nach Abbildung 23, so stellt man fest, daß die Erwärmung der Zahn- und der Bohrungszone die größten Druckspannungen

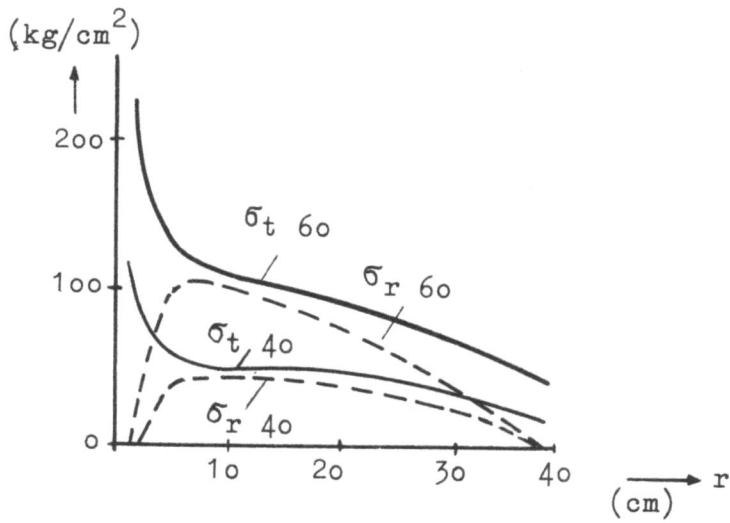

Abbildung 23

Spannungszustand ungespannter Kreissägeblätter
bei Einwirkung der Fliehkraft (ohne Blätterwärmung)
bei 60 (40) m/sek Umfangsgeschwindigkeit

σ_r = radiale, σ_t = tangentiale Spannung

hervorrufen. Die Zugspannungen sind im Falle 1 gemäß Abbildung 22a am Flansch, im Falle 2 und 3 gemäß Abbildung 22b und 22c in der Zahnzone am größten.

Die Fliehkraft hingegen verursacht nur Zugspannungen, die wesentlich geringer sind, als in den Fällen 1 und 2.

4.5 Gleichzeitiges Einwirken von zonaler Erwärmung und Fliehkraft

In der Praxis treten stets die durch Fliehkraft hervorgerufenen Spannungen in Verbindung mit mehr oder weniger großer und bezüglich der Zone verschiedenartiger Erwärmung auf, die sich als Summe der Kurven 22a, 22b oder 22c und 23 darstellen lassen (Abb. 24), wobei der Einfluß der Fliehkraft nicht wesentlich ist; aus dem Kurvenverlauf lassen sich daher die gleichen Folgerungen ziehen wie bei nicht rotierenden Kreissägen.

Zu beachten ist, daß die radialen und tangentialen Zugspannungen in der Bohrungszone bei Erwärmung der Zahnzone am größten sind, die Zugspannung in der Zahnzone dagegen bei Erwärmung in der Bohrungszone und in der Blattmitte. Dabei ist noch zu berücksichtigen, daß die Höchsttemperatur bei Erwärmung der Blattmitte nur mit 12,5°C angenommen wurde. Durch die nach der

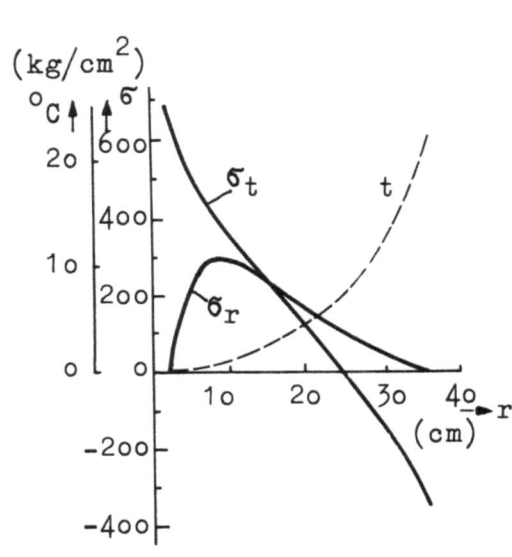
a) Erwärmung der Zahnzone

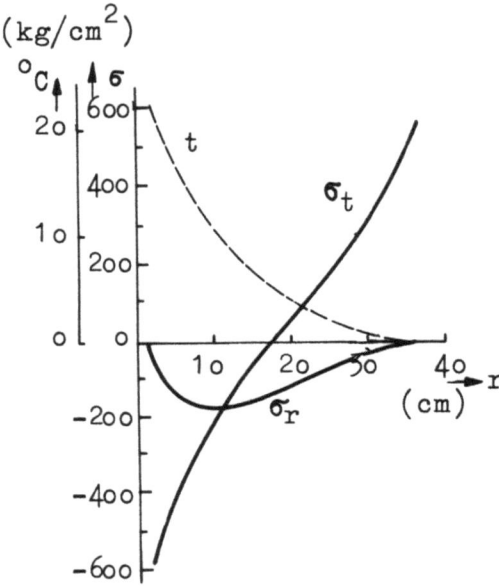
b) Erwärmung der Bohrungszone

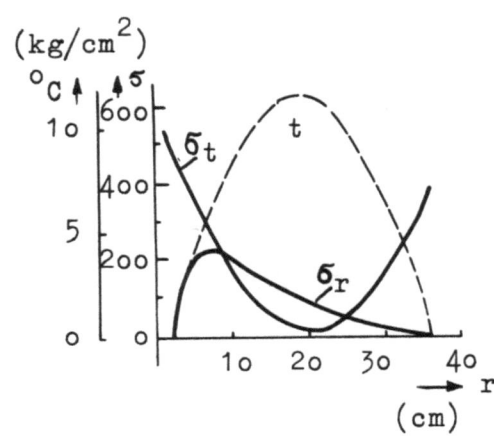
c) Erwärmung der Mittelzone

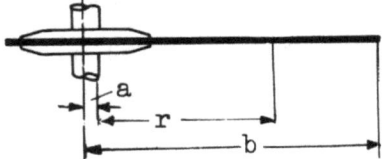

A b b i l d u n g   24

Spannungszustand rotierender Kreissägeblätter

(ohne Eigenspannung) v = 60 m/sek

t Temperatur, σ_r Radialspannung, σ_t Tangentialspannung

Blattmitte zunehmende Fliehkraft werden die Druckspannungen in der Blattmitte verringert.

Bei vorstehenden Betrachtungen ist die in das Sägeblatt hineingearbeitete Druckspannung der Mittelzone nicht berücksichtigt worden, die etwa den Verlauf ähnlich Fall 3 (Abb. 22c) hat, wie Messungen mit Dehnungsmeßstreifen bestätigten.

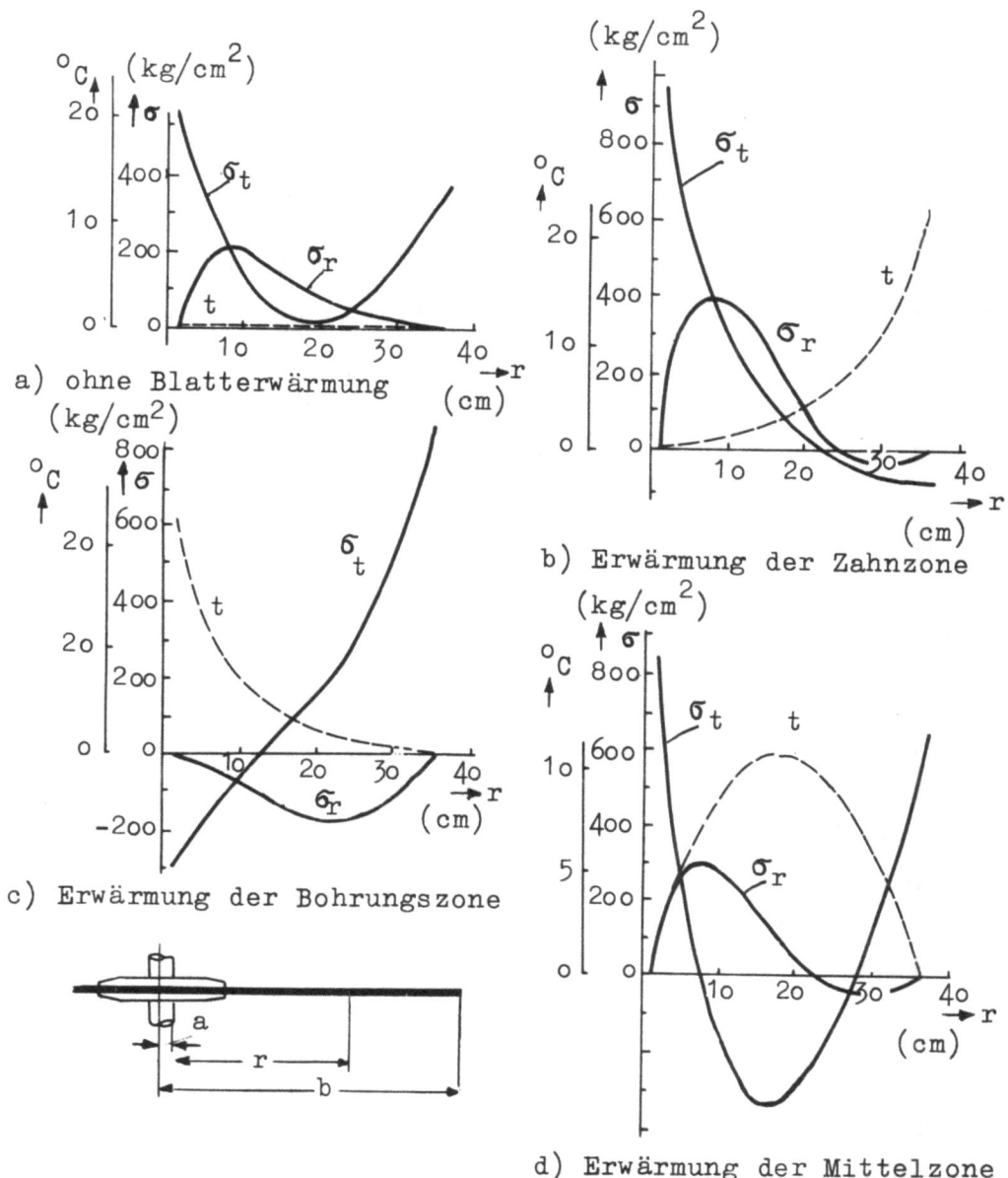

Abbildung 25

Spannungszustand gespannter rotierender Kreissägeblätter, v = 60 m/sek

t Temperatur, σ_r Radialspannung, σ_t Tangentialspannung

Da sich Fliehkraft und Eigenspannung addieren, wird somit die charakteristische Spannungsverteilung in einem Kreissägeblatt ohne Erwärmung etwa nach Abbildung 25a verlaufen, d.h. die Mittelzone ist fast spannungslos, während die Zahnzone eine durch die innere Spannung verursachte tangentiale Zugspannung aufweist, die als eine der Ursachen der vom Zahngrund ausgehenden Risse anzusehen ist.

Bei zusätzlicher Erwärmung der Zahnzone wird die tangentiale Zugspannung in der Zahnzone bis auf eine vernachlässigbare Größe abgebaut (Abb. 25b), die radiale Spannung jedoch erhöht. In der Nähe des Flansches treten jedoch größere radiale und tangentiale Zugspannungen auf, die als eine der Ursachen von konzentrischen Rissen anzusehen sind.

Wird die Bohrungszone durch warmgelaufene Lager erwärmt, so verlaufen die Spannungen gemäß Abbildung 25c. Die tangentiale Zugspannung erreicht in der Zahnzone den größten Wert; die radiale Druckspannung in der Nähe des Flansches kann zum Flattern führen. Erfolgt aber die Erwärmung in der Mittelzone, z.B. durch Klemmen eines losen Aststückes, so steigt die tangentiale Zugspannung in der Zahnzone und in der Bohrungszone höher an als in den anderen kombinierten Fällen (Abb. 25d). Dementsprechend ist auch die Gefahr der Spannungsrisse am Zahngrund und am Flansch am größten. Die in der Mittelzone auftretende Druckspannung kann Flattern verursachen.

Um den Einfluß der Eigenspannung auf die durch Fliehkraft hervorgerufenen Spannungen zu veranschaulichen, wurden die entsprechenden Kurven von Abbildung 23, 24 und 25 in einem Diagramm (Abb. 26) dargestellt, und zwar ist der Spannungsverlauf ohne Eigenspannung als glatte Kurve, der mit Eigenspannung als gestrichelte Kurve gezeichnet. Die Bereiche der mit zunehmender Eigenspannung veränderlichen radialen und tangentialen Spannung sind schraffiert.

Ergebnis:

1. Bei Erwärmung der Zahnzone, die z.B. bei Stumpfung der Zähne zunimmt, wirkt sich die Eigenspannung günstig aus, baut die tangentiale Druckspannung in der Zahnzone ab (Abb. 26b) und verringert somit das Flattern.

2. Bei Erwärmung der Mittelzone wird in dieser Druckspannung erzeugt, somit Flattern verursacht. Außerdem wird die tangentiale Zugspannung in der Zahnzone, also auch die Rißgefahr, vergrößert (Abb. 26d).

3. Tritt eine Blatterwärmung oder eine Erwärmung in der Bohrungszone auf, so ist die Eigenspannung von untergeordneter Bedeutung.

Zur weiteren Veranschaulichung wurde in Abbildung 27 eine andere Darstellungsweise gewählt: die am Außenrand, in der Mittelzone und an der Bohrung vorhandenen radialen und tangentialen Spannungen sind als Pfeile dargestellt, deren Länge ein Maß für ihre Größe ist. Zeigen die Pfeile auf das

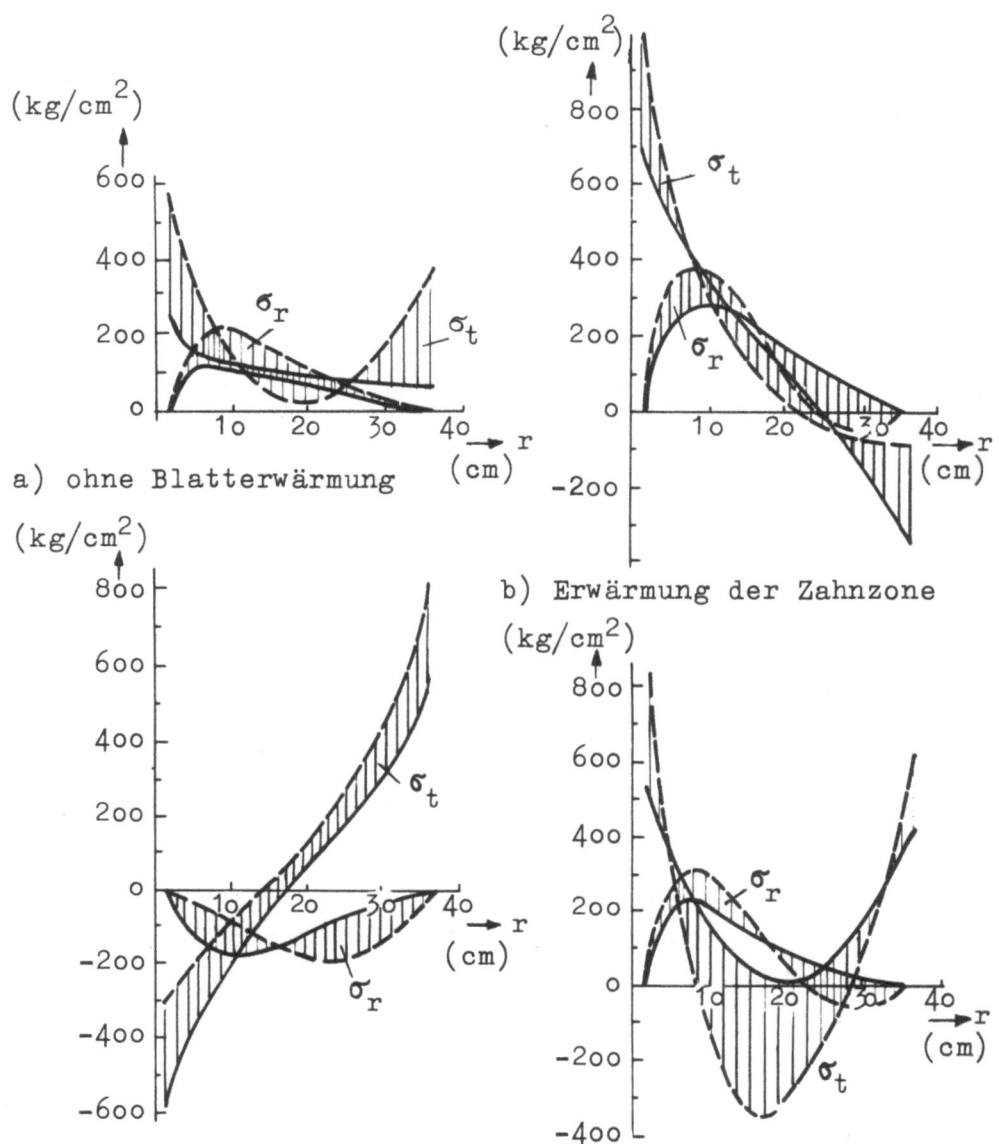

A b b i l d u n g 26

Spannungszustand rotierender Kreissägeblätter

─────── ohne Eigenspannung, ── ── ── mit Eigenspannung

betrachtete Element hin, so handelt es sich um eine Druckspannung (-),
bei umgekehrter Richtung um eine Zugspannung (+).

Die Zonen, in denen die Tangentialspannungen Null sind, wurden durch Nullkreise gekennzeichnet. Auf Grund dieser bildlichen Darstellung kann sich der Praktiker, der vielleicht weniger mit der Kurvendarstellung vertraut ist, leichter ein Bild über die im Sägeblatt auftretenden verwickelten

Zustände machen. In der Praxis treten beim Schneiden hauptsächlich die Fälle gemäß Abbildung 27 b, c und e auf, und zwar kann bei einem neuen, einwandfreien Sägeblatt ein unregelmäßiger Wechsel zwischen b_v, c_v, e_v und nach Überbeanspruchung zwischen b_o, c_o und e_o eintreten.

Der Spannungszustand und damit das Arbeitsverhalten (Schnittgüte, Standzeit etc.) sind also einer der veränderlichen Verteilung der Blattemperatur entsprechenden Änderung unterworfen, die zu radialen und konzentrischen, unter Umständen auch zu beliebig gerichteten Rissen führen kann. Die veränderliche Blattemperatur wird verursacht durch Stumpfwerden des Blattes, Klemmen von Splittern, schiefe Holzführung, ungenügenden Schrank und ähnliches.

Vorstehende Betrachtungen gelten für eine maximale Übertemperatur von 25 °C in der Zahn- und Bohrungszone, von 12,5 °C in der Mittelzone und für eine normale Schnittgeschwindigkeit von 60 m/sek.

Um Aussagen für beliebige Fälle machen zu können, betrachten wir die Gleichungen (1) und (2) bezüglich der veränderlichen Größen: Temperatur, Drehzahl und die durch den Radius b gegebene Sägeblattgröße. Gemäß Gleichungen (3) bis (11) sind σ_r und σ_t sowie t proportional t_{max}, d.h. bei doppelter Übertemperatur treten Spannungen in doppelter Größe auf. Sind also die tangentiale und radiale Höchstspannung für bestimmte Temperaturen bekannt, so kann man leicht feststellen, ob die Spannungen bei mehrfacher Temperaturerhöhung noch zulässig sind.

In diesem Falle sind die durch Fliehkraft hervorgerufenen Spannungen sowie die Eigenspannung klein im Vergleich zu den durch Erwärmung verursachten Spannungen, und können vernachlässigt werden. Der Spannungszustand ergibt sich dann mit guter Annäherung aus den Kurven gemäß Abbildung 22, indem man die Ordinaten mit der Übertemperatur multipliziert. Treten z.B. durch Klemmen der Aststücke in der Mittelzone Brandflecken, also Temperaturen von mindestens 300 °C auf, so beträgt die tangentiale Zugspannung in der Randzone etwa 23 x 300 = 6900 kg/cm^2. Außerdem steigt die Druckspannung ebenfalls auf etwa den 23-fachen Wert (etwa 3000 kg/cm^2) an und ruft Flattern hervor, wodurch die Randzone infolge erhöhter Reibung weitererwärmt wird; vermutlich sind die Mitten der Brandflecken rotwarm gewesen (ca. 600 °C). Für diesen in der Praxis unvermeidlichen Fall wird das Sägeblatt bis zur Zerreißgrenze beansprucht. Die höchsten Zugspannungen

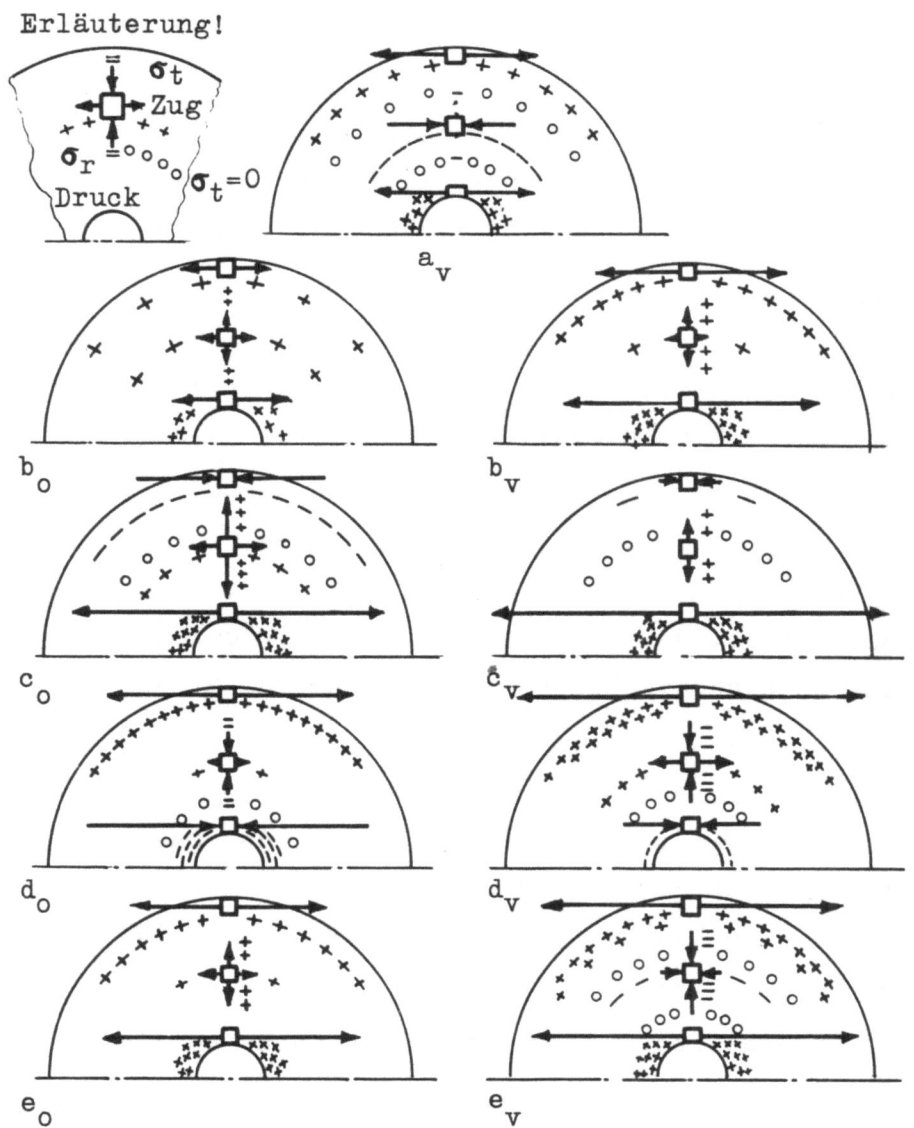

Abbildung 27

Darstellung der Spannungsverteilung in Kreissägeblättern

Index o: ohne, v: mit Vorspannung der Mittelzone

    a Ruhestand
    b rotierend, ohne Erwärmung
    c rotierend, mit Erwärmung der Randzone
    d rotierend, mit Erwärmung der Flanschzone
    e rotierend, mit Erwärmung der Mittelzone

am Flansch sind bei Erwärmung der Zahn- und Mittelzone zu erwarten. Zu erwähnen ist, daß die Luftkühlung in der Zahnzone am stärksten und die Wärmestauung normalerweise in der Spannungszone am größten ist. Unter denselben Bedingungen wie für die maximale Tangentialspannung in der

Zahnzone ist bei 300 °C Blattemperatur die tangentiale Spannung an der Bohrung $23 \times 180 = 4250$ kg/cm^2.

Bei schneller Erwärmung kann der Temperaturabfall jedoch erheblich steiler sein als durch die Kurven gemäß Abbildung 21 dargestellt. Die Gleichungen (3), (6) und (9) würden entsprechend umzuformen sein.

Zu dieser Beanspruchung kann noch eine seitliche Beanspruchung durch schlechte Holzführung hinzukommen, so daß die Flanschzone dann auch noch zusätzlich einer Biege-Wechsel-Beanspruchung unterliegt; in diesem Falle treten wahrscheinlich konzentrische Risse am Flansch auf.

Unberücksichtigt sind Spannungen und Risse geblieben, die bei der Fertigung, beim Härten und Anlassen, in das Blatt hineinkommen können. Härterisse bei fertigen Sägeblättern sind jedoch selten. Normalerweise ist man zur Annahme berechtigt, daß Risse in erster Linie durch Überbeanspruchung, bei der meist auch Brandflecken entstehen, verursacht werden.

Die zweite Veränderliche ist die Zentrifugalkraft. Die durch sie erzeugten Spannungen sind gemäß Gleichung (12) und (13) proportional dem Quadrat der Schnittgeschwindigkeit v, d.h. proportional dem Quadrat der Drehzahlen. Selbst bei extrem hohen Schnittgeschwindigkeiten (80 m/sek) sind die Spannungen erst soppelt so hoch wie die im Diagramm gemäß Abbildung 23, also in der Zahnzone ca. 170 kg/cm^2, in der Flanschzone ca. 700 kg/cm^2.

Bei diesen Spannungen treten normalerweise noch keine Risse ein.

Die dritte Veränderliche ist die Blattgröße, also der Blattdurchmesser 2b, der sich höchstens im Verhältnis 1:10 ändern kann.

Setzen wir die gleiche Temperaturverteilung voraus, wie sie in den Gleichungen (3), (6) und (9) angenommen ist, so bleibt auch die Spannungsverteilung bei verschiedenen Blattdurchmessern ähnlich, d.h. in der Blattmitte, am Rande oder Flansch sind bei verschiedenen Blattdurchmessern ähnliche Spannungen zu erwarten. Nimmt die Temperatur jedoch einen anderen Verlauf, z.B. bei steilerem Anstieg, so wird auch die Spannungsverteilung ungünstiger, und die Spannungsspitze höher.

<u>Folgerungen für die Praxis:</u> Aus den Spannungsdiagrammen geht eindeutig hervor, daß die Kreissägeblätter nur bei Einhaltung bestimmter Voraussetzungen einwandfrei, also ohne zu flattern, arbeiten können, d.h. die innere Spannung, die Erwärmung und die durch Drehzahl und Blattabmessung

bedingte Fliehkraft müssen aufeinander abgestimmt sein. Sobald auch nur eine dieser Größen sich merklich ändert, tritt entweder Flattern oder Rißgefahr auf, insbesondere in der Randzone. Solche Änderungen sind aber sehr leicht möglich und zwar sind beeinflußbare und nicht beeinflußbare Änderungen zu unterscheiden.

Zu ersteren gehören:

1. Zunehmende Zahnzonen-Erwärmung mit zunehmendem Stumpfwerden der Zahnspitzen;
2. Auswirkung des Nachschärfens, also des kleiner werdenden Blattdurchmessers bei gleicher Drehzahl;
   a) Verringerung der Fliehkraft
   b) Verringerung der Blattkühlung durch geringere Luftumwirbelung
   c) Änderung der Blattspannung
3. Einfluß des Schnittgutes (Holzart, Temperatur, Feuchtigkeit etc.);
4. Schnittiefe.

Zu letzteren gehören:

1. Nachlassen der inneren Spannung durch unvorhergesehene starke Überbeanspruchung (Brandflecken), z.B. durch klemmende Holzstücke;
2. Kurzzeitige Erwärmung durch Überbeanspruchung, z.B. durch schiefe Holzführung.

Bei den üblichen Sägeblättern muß daher folgendes beachtet werden:

1. Vorschriftsmäßige Schärfe, geeignete Zahnform;
2. Richtiger, der Holzart und -eigenschaft angepaßter Schrank;
3. Günstiger Richt- und Spannungszustand für die Betriebsdrehzahl, Holzart, Schnittgüte und Vorschub.

Während die Einhaltung der ersten beiden Punkte von gewissenhaften Sägewerkern erwartet werden kann, ist der dritte Punkt nur von geschulten Fachleuten zu kontrollieren, wobei das vom Institut für Werkzeugforschung, Remscheid, entwickelte Richt- und Spannungsprüfgerät für Kreissägen zweckmäßig verwendet werden kann, das inzwischen für die Betriebspraxis vereinfacht und verbilligt wurde.

5. Spannungsoptische Untersuchungen an rotierenden Sägeblattmodellen unter Berücksichtigung zonaler Erwärmung auf die Spannungsverteilung

Der Spannungsverlauf von rotierenden Sägeblättern bei zonaler Erwärmung unter Berücksichtigung der inneren Blattspannung ist rechnerisch nur dann zu erfassen, wenn bestimmte Voraussetzungen und Annahmen gemacht werden. Zur Bestätigung der Rechnung wurden spannungsoptische Versuche an durchsichtigen Modellen mit der in Abbildung 28 skizzierten Versuchsapparatur durchgeführt. Die Drehzahl des durch den regelbaren Elektromotor angetriebenen Sägeblattmodelles M betrug 3500 U/min. Die Lichtstrahlen - wahlweise weißes oder monochromatisches (gelbes) Natriumlicht - gehen vom Stroboskop S bzw. Lichtkasten durch den Polarisator P, Modell M und den Analysator A hindurch. Der Spannungszustand kann entweder beobachtet oder mit einem Fotoapparat aufgenommen werden.

Abbildung 28
Spannungsoptische Apparatur

5.1 Modell ungespannt

Eine Modellscheibe aus spannungsoptischem Werkstoff VP 1527 im Stillstand zeigt (ohne innere Spannung) Abbildung 29a. Die spannungsoptischen Aufnahmen für den rotierenden Zustand sind in Abbildung 30a wiedergegeben, und zwar bei I - ohne Erwärmung; bei II - Erwärmung der Randzone; Bei III - Erwärmung der Mittelzone.

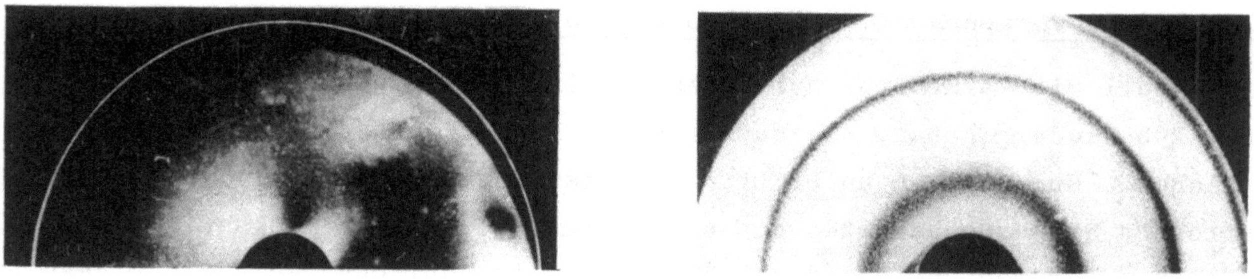

a) ungespannt   b) vorgespannt

Abbildung 29
Spannungsoptische Modelle (Stillstand)

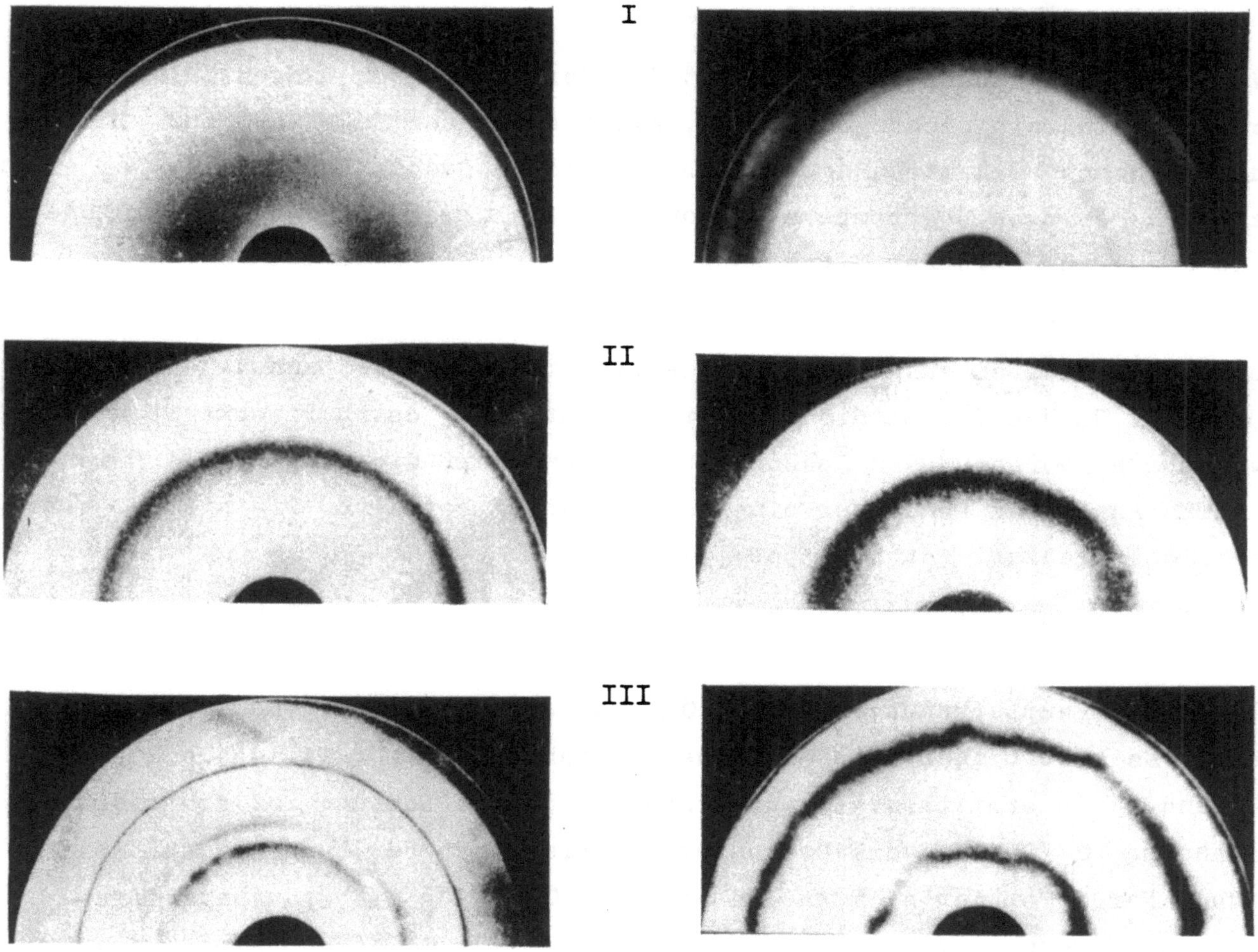

I

II

III

a) ungespannt   b) vorgespannt

Abbildung 30
Spannungsoptische Modelle (rotierend)

Seite 47

5.2 Modell vorgespannt ("eingefrorene" Spannung)

Ein Modell mit "eingefrorener" Spannung in der Mittelzone ist in Abbildung 29b wiedergegeben. Hierzu wurde das Modell auf etwa 100 °C erhitzt, zwischen 2 Gummiringen unter Druck eingespannt und abgekühlt. Die so eingefrorene Spannung hat etwa die erste Ordnung. Die spannungsoptischen Aufnahmen für den rotierenden Zustand sind in Abbildung 30 b wiedergegeben. Das Modell hat bei I - keine Erwärmung; bei II - eine erwärmte Randzone und bei III - eine erwärmte Mittelzone.

Bei diesen Laufversuchen wurden die Erwärmungen und Drehzahlen so gewählt, daß sich unter Berücksichtigung der Abmessungen und Werkstoffeigenschaften des Modells sowie unter Berücksichtigung der Ähnlichkeitsgesetze eine brauchbare Zahl von Isochromaten ergab.

Nach den Abbildungen 23 bis 26 ist das Verhältnis der tangentialen Randspannung für ein nicht gespanntes, nicht erwärmtes Sägeblatt und ein in der Randzone erwärmtes Sägeblatt bei gleicher Drehzahl etwa 1:4, bei einer an sich geringen Übertemperatur von 25 °C in der Zahn- und Bohrungszone und von 12,5 °C in der Mittelzone.

Auf Grund von Vorversuchen darf die Erwärmung des Modelles höchstens 80 °C betragen. Hierbei entsteht am Rande eine tangentiale Spannung der zweiten Ordnung. Um das Verhältnis 1:4 der tangentialen, durch Fliehkraft und Erwärmung hervorgerufenen Spannung zu wahren, darf die tangentiale Fliehkraftspannung am Rande nur eine halbe Ordnung betragen. Die hierbei erforderliche Drehzahl ist n = 3500 U/min.

Die Auswertung der spannungsoptischen Aufnahmen wird jedoch dadurch erschwert, daß nur die Differenz der in tangentialer und radialer Richtung liegenden Hauptspannungen $\sigma_t - \sigma_r$ photographisch aufgenommen werden kann. Es gibt bisher kein einfaches Verfahren, um für beliebige Stellen σ_t und σ_r zu ermitteln. Im Außenrand und in der Bohrung ist die radiale Spannung $\sigma_r = 0$ und die Ordnungszahl entspricht der tangentialen Spannung. Ferner ergibt sich an den Stellen $\sigma_t = \sigma_r$ die Spannungsdifferenz 0, abgesehen von den Stellen, an denen $\sigma_t = \sigma_r = 0$ sind. Um auf einfache Weise zu einem mit den konstruierten Kurven vergleichbaren Ergebnis zu kommen, wurden die Differenzen der Hauptspannungen $\sigma_t - \sigma_r$ für die wichtigsten Fälle, nämlich für gespannte und ungespannte Blätter ohne und mit Erwärmung der Rand- bzw. Mittelzone gemäß Abbildung 23 a,

Forschungsberichte des Wirtschafts- und Verkehrsministeriums Nordrhein-Westfalen

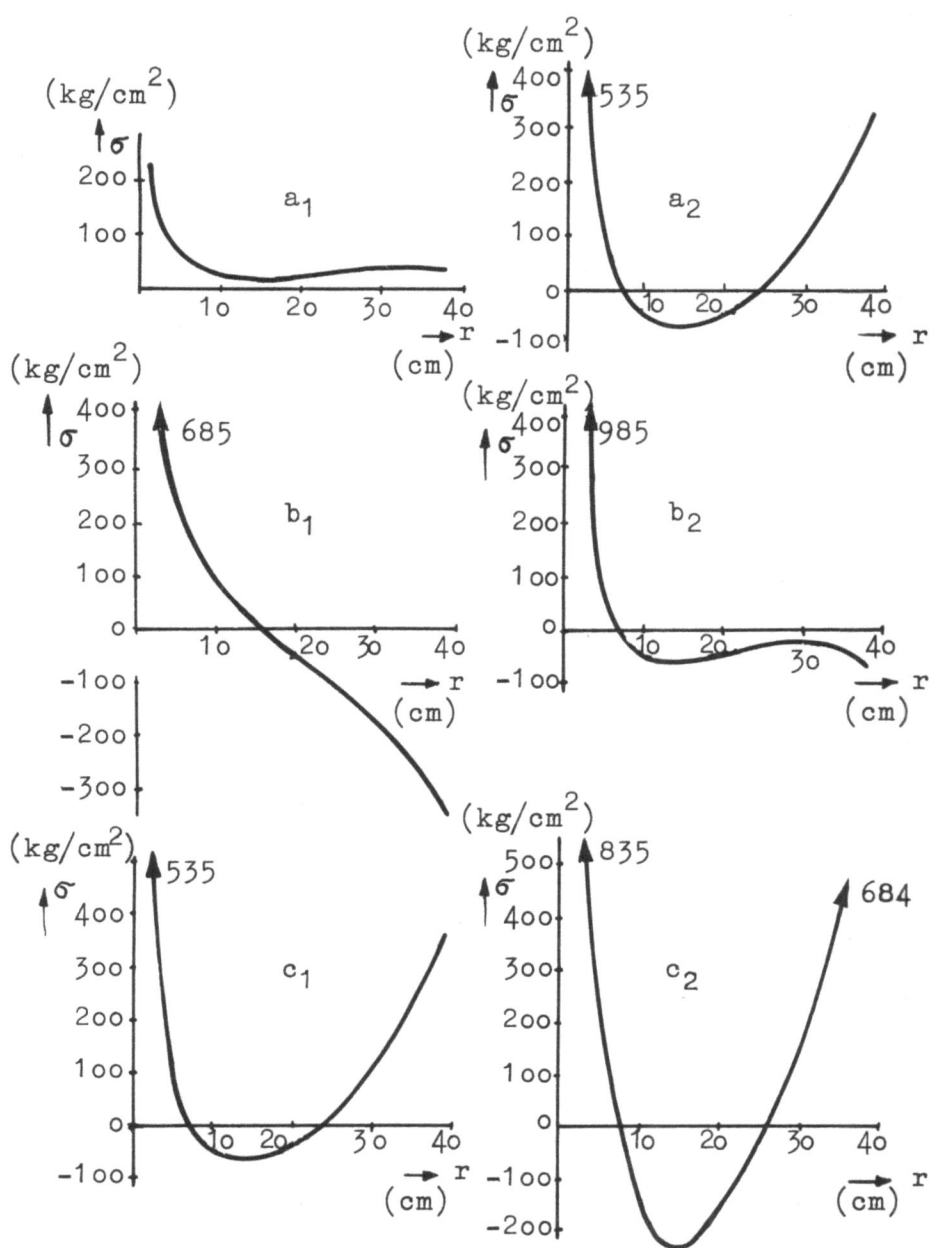

Abbildung 31

Hauptspannungsdifferenz $\sigma_t - \sigma_r$ rotierender Kreissägen

Index 1: ohne, Index 2: mit Vorspannung

a ohne Erwärmung, b mit erwärmter Randzone, c mit erwärmter Mittelzone

24 a, 24 c, 25 a, 25 b, 25 d in Abbildung 31 dargestellt und vergleichend mit den spannungsoptischen Aufnahmen (Abb. 30) betrachtet.

Wie aus der konstruierten Kurve Abbildung 31 a_1 ersichtlich, ist die Spannungsdifferenz bei reiner Fliehkraftbeanspruchung stets größer als Null und in der Rand- und Mittelzone gering, während sie nach der Bohrung zunimmt. Der Verlauf entspricht der spannungsoptischen Aufnahme Abbildung 30 a_1. Hat das Sägeblatt eine Eigenspannung in der Mittelzone, so sind die tangentialen Zugspannungen am Rande und an der Bohrung sowohl bei den Kurven für σ_t (Abb. 25a) als auch bei den Differenzkurven am größten, da σ_r am Rande Null ist. Außerdem entstehen 2 Null-Stellen (Abb. 30 b-I und 31 a_2). Bei Randzonen-Erwärmung (Abb. 25b) treten Druckspannungen am Rande auf, die bei ungespanntem Blatt höher sind als bei gespanntem (Abb. 31 b_1 und 31 b_2). An der Bohrung herrschen tangentiale Zugspannungen. In Flanschnähe sind die tangentialen und radialen Zugspannungen höher und gleich. Es ergibt sich in den spannungsoptischen Aufnahmen eine Isochromate der Ordnung Null (Abb. 30 a-II und 30 b-II).

Erfolgt die Erwärmung in der Mittelzone, der sogenannten Spannungszone, so steigen die tangentialen Zugspannungen am Außenrand und an der Bohrung bei ungespanntem Blatt stark (Abb. 31 c_1), bei vorgespanntem Blatt sehr stark an (Abb. 31 c_2). In der Mittelzone wird die Spannungsdifferenz negativ. Es ergeben sich 2 Null-Stellen, an denen die Spannungsdifferenz $\sigma_t - \sigma_r$ gleich Null wird. Dies geht auch aus den spannungsoptischen Aufnahmen (Abb. 30 a-III und 30 b-III) hervor.

Die spannungsoptischen Aufnahmen für rotierende Blätter mit Eigenspannung sind etwas unscharf (Abb. 30 b-I, 30 b-II und 30 b-III), da es nicht gelang, die Spannung durch Druckringe vollkommen gleichmäßig und konzentrisch in das Blatt hineinzuarbeiten.

Ergebnis

1. Sehr hohe Tangentialspannungen treten bei Kreissägen auf, die wie üblich in der Mittelzone gespannt sind oder bei denen die Mittelzone Übertemperatur aufweist.

Bei gespannten und gleichzeitig in der Mittelzone erwärmten Kreissägen ist also mit Höchstwerten der Tangentialspannungen zu rechnen. Diese sind die Ursache der meist vom Zahngrund aus radial nach innen verlaufenden Risse.

2. Die Radialspannungen sind in der Flanschnähe am größten, besonders bei Erwärmung der Mittelzone. Sie sind die Ursache der konzentrisch verlaufenden Risse.

3. Die in das Blatt hineingearbeitete Spannung ist nicht in der Lage, die Wärmespannungen für jeden beliebigen und in der Praxis vorkommenden Fall

der Beanspruchung auszugleichen. Diese rechnerisch und spannungsoptisch gewonnenen Erkenntnisse decken sich mit den Ergebnissen, die mit dem Richt- und Spannungsprüfgerät bei zonaler Erwärmung von Kreissägen aufgezeigt wurden. Es ist daher notwendig, nach neuen Möglichkeiten konstruktiver Gestaltung zu suchen.

6. Ausgleich der durch Erwärmung hervorgerufenen Spannungen durch Formgebung

6.1 Grundsätzliches

Im Forschungsbericht Nr. 61 wurde nachgewiesen, daß die Voraussetzungen für hohe Schnittleistung und Schnittgüte gegeben sind, wenn das Sägeblatt gut gerichtet, ausgewuchtet und geschärft sowie für den betreffenden Schnitt richtig gespannt und geschränkt ist. Sobald jedoch das Sägeblatt stumpf wird oder sich die Schränkung verändert, aber auch bei größer werdender Reibung eines verharzten Sägeblattes - in der Regel tritt eine Summierung dieser Einflußgrößen ein - wird eine mehr oder weniger große zonale Erwärmung des Sägeblattes hervorgerufen, die eine beträchtliche Wärmeausdehnung der betreffenden Zone zur Folge hat.

Auf die durch solche Ausdehnung verursachten Verformungen des Blattes und die Flattererscheinungen wurde ebenfalls im genannten Forschungsbericht ausführlich eingegangen.

Nach den bisherigen Ergebnissen ist die in das Sägeblatt hineingehämmerte Spannung schon bei zonaler Temperaturerhöhung um 25 °C nicht in der Lage, die Spannungen auszugleichen und ein Flattern zu verhindern. Aus diesen Ergebnissen heraus ergibt sich die Forderung nach anderen Maßnahmen zum Spannungsausgleich, die auch zum Teil schon versucht wurden. Man muß sich aber über die Auswirkungen dieser Maßnahmen voll im klaren sein, um die größtmögliche Wirkung zu erreichen. In den meisten Fällen läßt sich nämlich nachweisen, daß die Vorteile von z.B. bisher üblichen Aussparungen im Sägeblatt weniger auf einem Ausgleich der Spannungen als vielmehr auf einer Kühlwirkung durch bessere Luftumwälzung beruhen, wodurch dann natürlich die geringere Spannungsveränderung bedingt ist.

Es sollen daher erfolgversprechende Möglichkeiten zum Ausgleich von Spannungen einer grundsätzlichen Betrachtung unterzogen werden; die Auswirkungen der Spannungsänderungen durch Erwärmung können auf verschiedene Weise verringert werden:

Ausgleichsmaßnahmen	erzielbare Verbesserungen
a) Schlitze vom Zahngrund ausgehend	Spannungsausgleich Temperaturausgleich
b) federnde Mittelzone	Spannungsausgleich
c) Erwärmung der kühler bleibenden Blattzone	Temperaturausgleich
d) Kühlung der erwärmten Zone	Temperaturausgleich

6.2 Schlitze in der Zahnzone

Wie im Forschungsbericht Nr. 61 nachgewiesen wurde, ist es möglich, durch in Bezug auf Zahl und Länge richtig angeordnete Schlitze vom Zahngrund aus in annähernd radialer Richtung einen wirksamen Spannungsausgleich zu erzielen.

Die Ausgleichsschlitze erfüllen einen doppelten Zweck:
a) Ausgleich der durch die Temperaturerhöhung beim Schneiden hervorgerufenen Ausdehnung der Zahnzone in tangentialer Richtung (Welligkeit ist Ursache für Flatterschwingungen).
b) Verringerung der Blatterwärmung durch stärkere Luftkühlung.

Bei den diesbezüglichen Versuchen erfolgte die Erhitzung der Zahnzone mit einem Gasbrenner und die Aufnahme der für das Schwingungsverhalten maßgeblichen Seitenschlagkurve mit einem handelsüblichen Elektronenstrahl-Oszillographen, der die Kurven in cartesischen Koordinaten wiedergibt.

Lauf- und Schwingungsverhalten von Kreissägeblättern:
Um die Veränderung des Seitenschlages leichter verfolgen zu können, wurde inzwischen die Aufnahmetechnik vervollkommnet und die Aufnahme der Schwingungskurven mit einem Polaroszillographen vorgenommen. Die Polardiagramme entsprechen der Form der Kreissägen besser und geben ein anschaulicheres und sinnfälligeres Bild des Laufverhaltens; sie sind mit den Richt- und Spannungsdiagrammen leichter zu vergleichen. Außerdem wurde mit einer zweiseitig schnell wirkenden Reibungsbremse die Zahnzone erwärmt. Abbildung 32 zeigt die Versuchsanordnung.

Abbildung 32
Versuchsstand zur Aufnahme von Seitenschlag-Diagrammen

Die beiden Bremshebel 1 sind auf einer in der Höhe verstellbaren Halterung horizontal schwenkbar gelagert. Die Bremshebel mit den Bremsklötzen aus Holz (2) können mit dem Exzenterhebel (5) schnell auf Bremsen bzw. freien Lauf eingestellt werden. Auf der Abbildung ist ferner der kapazitive Seitenschlag-Aufnehmer (3) und der induktive Geber (4) für den zur Markierung der Null-Stellung magnetisierten Zahn des Sägeblattes ersichtlich.

Abbildung 33 a bis d enthält Seitenschlag-Diagramme von 4 Kreissägeblättern bei verschiedenen Temperaturen der Zahnzone.

Mit Hilfe eines Elektronenschalters wurden 2 Kurven aufgenommen, und zwar ein Grundkreis (0), der dem einwandfreien Lauf des Sägeblattes ohne Seitenschlag entspricht; ferner die Seitenschlag-Kurve. Das Sägeblatt wurde dabei durch Bremsdruck in der Zahnzone auf einer Breite von etwa 50 mm erwärmt und die Temperatur mit Thermochrom-Farbstiften bestimmt. Bei $80°$ bis $100\ °C$ Übertemperatur hat die Seitenschlagkurve die Form eines dreiblättrigen Kleeblattes. Die Extremwerte liegen abwechselnd außerhalb und innerhalb der Nullkurve und sind um $60°$ versetzt. Es liegt also eine gleichmäßige Verzerrung der Randzone vor. Bei Abkühlung geht der Seitenschlag zurück (b - c) und nähert sich bei handwarmem Sägeblatt praktisch dem Kreis (d).

Forschungsberichte des Wirtschafts- und Verkehrsministeriums Nordrhein-Westfalen

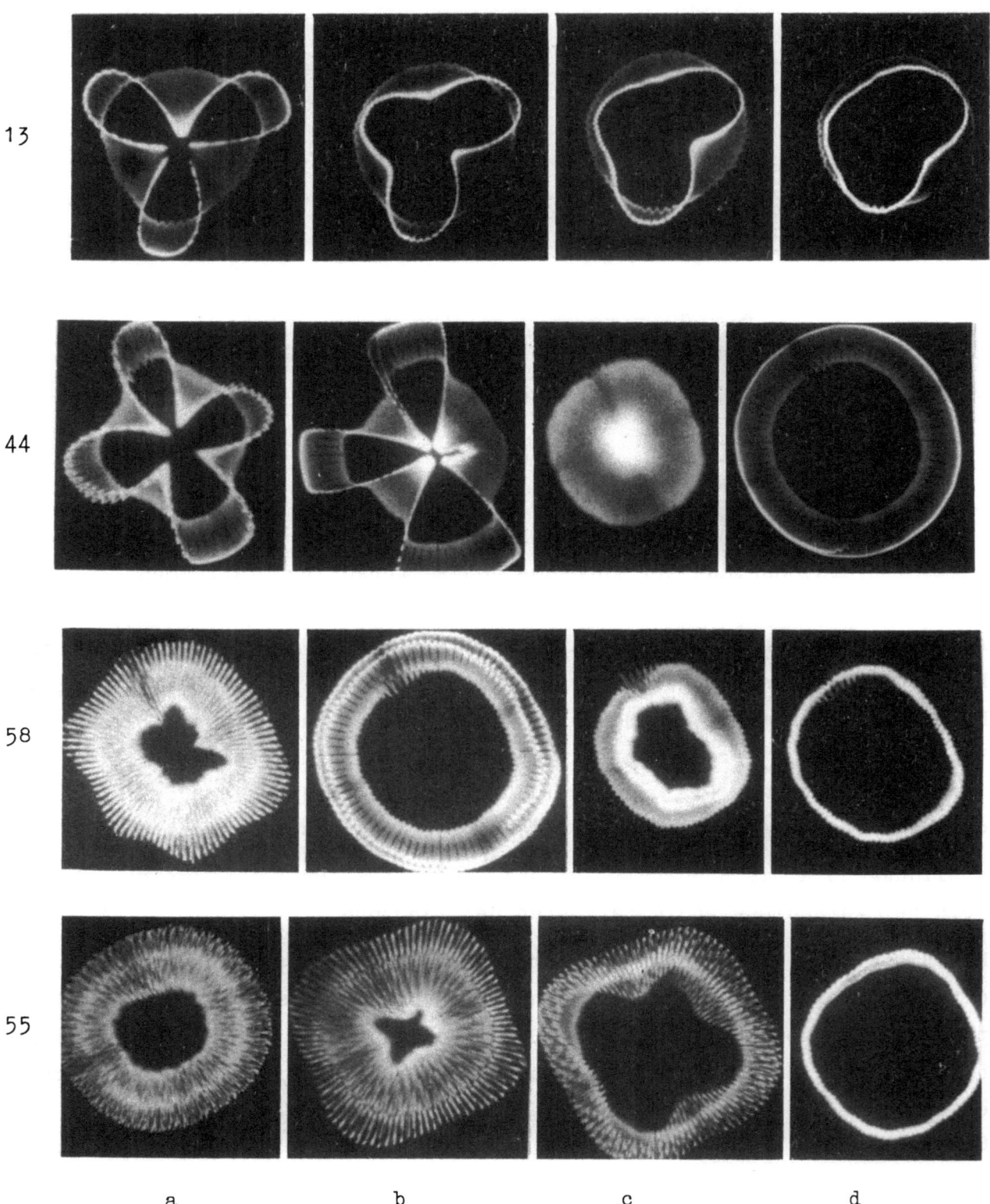

Abbildung 33
Seitenschlag-Diagramme von Kreissägeblättern
bei verschieden starker Erwärmung der Zahnzone
Nr. 13, 44, 58: 450 x 2,2 x 30; Nr. 55: 450 x 2,8 x 30

Forschungsberichte des Wirtschafts- und Verkehrsministeriums Nordrhein-Westfalen

Beim Kreissägeblatt Nr. 44 zeigte das Seitenschlag-Diagramm bei 100 °C die Form eines vierblättrigen Kleeblattes. Die Extremwerte sind um 45 °C versetzt und gleichmäßig in der Größe, was auf ein gleichmäßiges Spannungsdiagramm schließen läßt. Bei Abkühlung zeigte dieses Blatt nach Durchlaufen einer kritischen Temperatur und bei unbeständigem Flattern einen sogenannten Pendelzustand, bei dem der gesamte Rand mit langsamer Frequenz nach der einen oder anderen Seite durchschwingt. Die Seitenschlag-Kurve liegt teilweise außerhalb (b) oder innerhalb des Null-Kreises (c). Bei weiterer Abkühlung zeigte das Blatt Schwingungen, die sich als Pfeifton bemerkbar machten.

Bei den Kreissägeblättern Nr. 55 und 58 war der Pfeifton noch stärker. Beim Abkühlen zeigte die Seitenschlag-Kurve von Blatt Nr. 55 etwa quadratischen Charakter, der sich bei hinreichender Abkühlung bis auf Handtemperatur einem nicht ganz regelmäßigen Kreis näherte, während das Blatt Nr. 58, abgesehen von dem Pfeifen, ein Pendeln zeigte (s. Forschungsbericht Nr. 61).

Dann wurden drei Sägeblätter gleicher Abmessung wie die vorgenannten, aber mit Schlitzen in der Zahnzone, zum Vergleich der Verwerfung untersucht. Während ungeschlitzte Sägeblätter schon nach wenigen Sekunden beim Bremsen 100 °C warm wurden und flatterten, dauerte die Erwärmung geschlitzter Blätter auf 100 °C wesentlich länger, ohne daß ein nennenswerter Seitenschlag

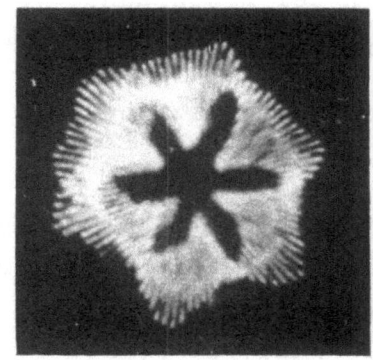 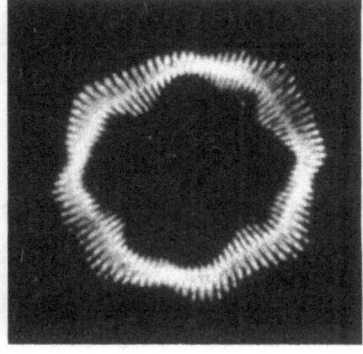 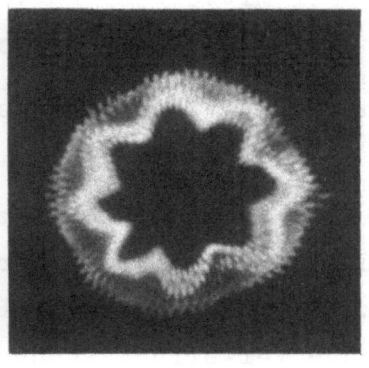

15   38   39

A b b i l d u n g   34
Seitenschlag-Diagramme von geschlitzten Kreissägeblättern
bei Erwärmung der Zahnzone auf etwa 100°C
Nr. 15, 38, 39: 450 x 2,2 x 30

dabei auftrat. Daher wurde die Temperatur bis auf 150 °C gesteigert. Die bei dieser Temperatur aufgenommenen Seitenschlagdiagramme sind in Abbildung 34 für drei Sägeblätter aufgezeichnet.

Ebenso bemerkenswert wie die schwierigere Erwärmung dieser Sägeblätter ist, die sich im Gegensatz zu den ungeschlitzten Sägeblättern schneller abkühlen, muß auch das Erreichen eines schnelleren einwandfreien Laufverhaltens hervorgehoben werden.

Bei ungeschlitzten Sägeblättern betrug die sogenannte Stabilisierungszeit 20 bis 40 Sekunden; in dieser Zeit durchlief das Blatt die verschiedenen Zustände des Verwerfens (Flatterns). Bei geschlitzten Blättern dagegen betrug die Stabilisierungszeit nur ca. 7 Sekunden, also etwa nur ein Drittel der vorhin erwähnten Zeit. In bestimmten Fällen ist sie noch kürzer. Zu bemerken ist, daß das Schlitzen bei ungerichteten Kreissägen vorgenommen wurde.

Die Seitenschlag-Amplitude bei Erwärmung ist von Blatt Nr. 16 mit sechs Schlitzen etwa eben so groß wie bei ungeschlitzten, gerichteten und gespannten Blättern, dagegen zeigen die ungerichteten, ungespannten Blätter mit 8 Schlitzen (Nr. 38 und Nr. 35) wesentlich geringere Amplituden.

Normalerweise werden bisher in der Praxis Sägen mit 4 bis 6 Schlitzen, vom Zahngrund ausgehend radial oder in Richtung der Spanfläche ausgeführt, die 30 bis 60 mm lang, etwa 4 mm breit und in der Regel am Ende abgerundet sind. Ferner gibt es auch Sägeblätter mit lochartigen Aussparungen in der Rand- oder Mittelzone bzw. mit wenigen Schlitzen in der Mittelzone, von denen ebenfalls charakteristische Beispiele wiedergegeben sind (Abb. 35).

Zu den Sägeblättern mit Aussparungen gehört auch die Gruppenzahnsäge (Abb. 35 b).

Die Wirksamkeit der Schlitze und Aussparungen beruht in erster Linie auf der Kühlung des Blattes durch die verstärkte Luftumwirbelung. Bei Erwärmung kann sich nur der im Bereich der Schlitze liegende Teil der Zahnzone ohne Verwerfung ausdehnen. Taucht nämlich das Sägeblatt tiefer als die Länge der Schlitze in das Schnittgut ein, so kann im ungeschlitzten Teil ein Ausgleich der Blatterwärmung nicht erfolgen. Das Sägeblatt kommt also bei entsprechender Erwärmung der Mittelzone dann zum Flattern.

Forschungsberichte des Wirtschafts- und Verkehrsministeriums Nordrhein-Westfalen

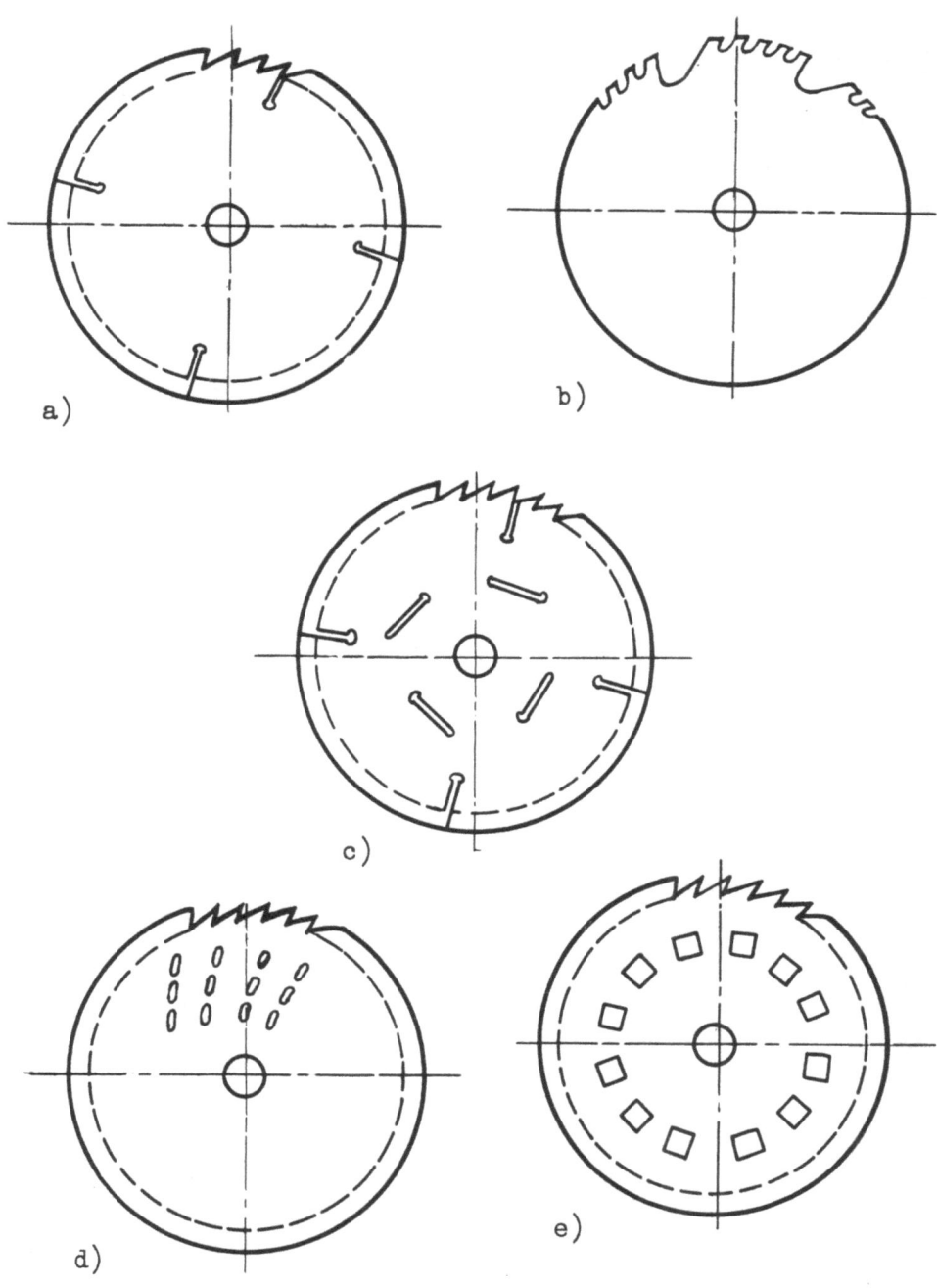

Abbildung 35
Kreissägeblätter
a) mit Schlitzen, b) mit Gruppenzahnung
c,d,e) mit Aussparungen

Die zweckmäßige Anzahl und Anordnung von Randschlitzen und die damit verbundenen Schleifmöglichkeiten unter Berücksichtigung des Verschleißes und der Zahnausbildung soll einem besonderen Bericht vorbehalten sein.

6.3 Elastische Mittelzone

Der Ausgleich von Spannungen kann auf zweierlei Art erfolgen: Durch Ausarbeiten von schräg zum Umfang oder konzentrisch angeordneten Schlitzen, deren Abstand so bemessen ist, daß die zwischen den Schlitzen stehen bleibenden, als Speichen aufzufassenden Stege bei Ausdehnung der Randzone elastisch nachgeben. Dadurch steht nun die Zahnzone im wesentlichen unter dem Einfluß tangentialer Zugspannung, die durch die Fliehkraft hervorgerufen wird. Zweckmäßigerweise müßten die "Speichen" (z.B. nach Anlassen) geringere Härte als die Zahnzone haben, damit auf jeden Fall Risse in den Speichen und an den Übergangsstellen zu der Rand- bzw. Flanschzone vermieden werden.

In Abbildung 36 a, b sind zwei grundsätzliche Ausführungen von Aussparungen skizziert.

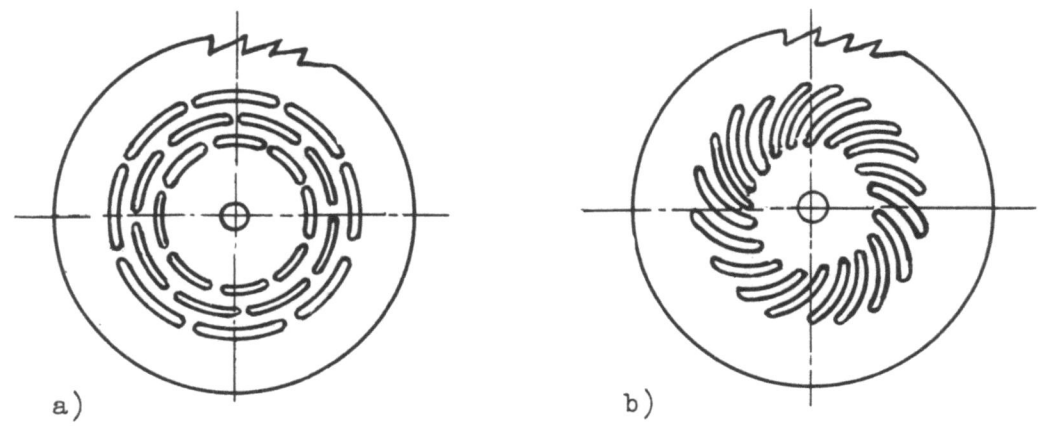

A b b i l d u n g 36
Kreissägeblätter mit elastischer Mittelzone
a) konzentrische }
b) spiralförmige } Aussparungen

Bei Erwärmung der Randzone einer Blechscheibe (450 ⌀, 2 mm dick) bis auf 1oo °C zeigte es sich, daß diese Methode Erfolg hat. Die Seitenschlagdiagramme zeigten einen günstigeren Verlauf als die der normalen Sägeblätter.

Eine zweite Möglichkeit, eine elastische Zone zu schaffen, besteht darin, daß die Mittelzone mit konzentrisch angeordneten, ringförmigen Rillen versehen wird (Abb.37). Sie können durch Schleifen oder Prägen erzeugt werden bzw. es wird eine dünnere, membranartig gewellte Ringscheibe eingesetzt.

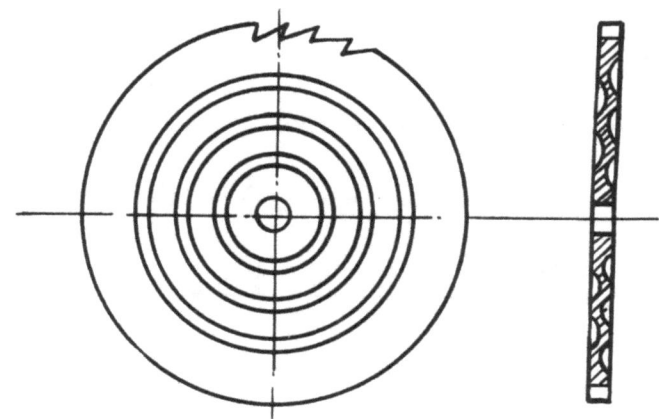

Abbildung 37
Kreissägeblatt mit Rillen als elastischer Mittelzone

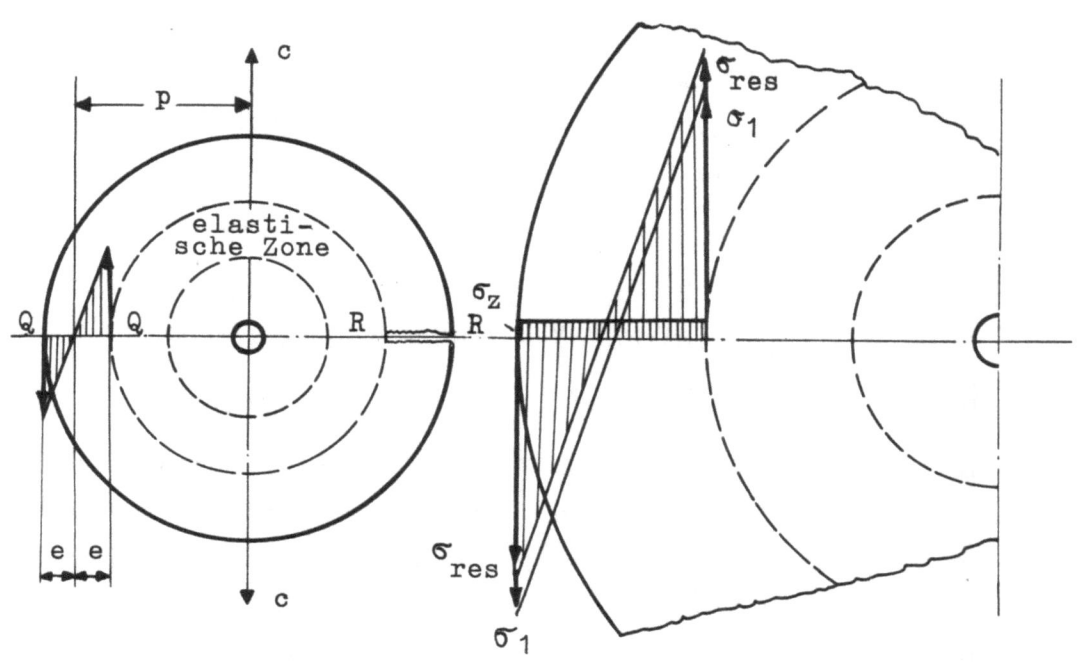

Abbildung 38
Kräfte an Kreissägen mit elastischer Mittelzone
bei radialem Riß (R-R) in der Randzone

Im günstigen Falle – er tritt ein, wenn an einer Stelle ein radial verlaufender Riß vom Zahngrund bis hin zum größten Durchmesser der elastischen Zone aufträte – entstehen in den beiden, durch die Rißebene gebildeten Blatthälften gleichgroße Zentrifugalkräfte C.

In Abbildung 38 sind die Kräfte an Kreissägen mit elastischer Mittelzone angegeben.

Die Zentrifugalkraft C ergibt sich aus

(14) $$C = m \cdot r \cdot \omega^2 = \frac{G \cdot r}{g} \cdot \omega^2$$

Mit $$2G = \frac{(D^2-d^2) \cdot \pi \cdot s \cdot \gamma}{4} \text{ wird}$$

(15) $$C = 3{,}45 \cdot 10^{-8} \cdot (D^2-d^2) \cdot s \cdot r \cdot n^2$$

Hierin bedeuten:
- G Gewicht des halben Ringes (kg)
- r Radius des Schwerpunktes vom halben Ring
- D Außendurchmesser des Ringes (bei Berücksichtigung der Zahnhöhe)
- d Innendurchmesser des Ringes
- s Blattdicke
- ω Winkelgeschwindigkeit $\pi \cdot n/30$ (sek^{-1})
- γ spez. Gewicht = 7,85 (kg/dm³)

Beispiel:

Gegeben ist $D = 40$ cm; $d = 26$ (32) cm; $s = 0{,}2$ cm; $n = 3000$ U/min; $r = 16{,}5$ (18) cm; $\gamma = 7{,}85 \cdot 10^{-3}$ kg/cm³;

Für dieses Beispiel ist die Fliehkraft $C = 950$ (640) kg.

In der Annahme, daß im ungünstigsten Falle die Mittelzone sehr elastisch wäre und keine Kraft aufnehmen würde, wird der gefährdete Querschnitt Q-Q durch die außermittig im Abstand p angreifende Zentrifugalkraft auf Zug und Biegung beansprucht. Bei den gegebenen Verhältnissen würde der Innenrand auf Zug und der Außenrand auf Druck beansprucht werden. Die Zugspannung σ_z errechnet sich ebenso wie die Biegespannung σ_1 aus folgenden Formeln:

(16) $$\sigma_z = \frac{P}{F} = \frac{P}{2e \cdot s}$$

(17) $$\sigma_1 = e \cdot \frac{M}{J} = e \cdot \frac{P \cdot p}{J}$$

Setzt man $J = \frac{s \cdot (2e)^3}{12} = \frac{2}{3} \cdot s \cdot e^3$ in Gleichung (17) ein, dann ist

$$\sigma_1 = e \cdot \frac{P \cdot p}{\frac{2}{3} s \cdot e^3} = \frac{P}{2e \cdot s} \cdot \frac{3p}{e} \text{ bzw. } \sigma_1 = \sigma_z \cdot \frac{3p}{e}$$

Forschungsberichte des Wirtschafts- und Verkehrsministeriums Nordrhein-Westfalen

Nun ist für den Innenrand der äußeren Zone

(18) $$\sigma_{res} = \sigma_z + \sigma_1 = \sigma_z \cdot (1 + \frac{3p}{e})$$

Für
$$\left.\begin{array}{l} P = C = 950 \text{ kg} \\ p = 16 \text{ cm} \\ e = 3 \text{ cm} \end{array}\right\} \text{ wird nach Gleichung (16) und (18)}$$

$$\sigma_z = \frac{950}{2 \cdot 3 \cdot 0,2} = 530 \text{ (kg/cm}^2\text{)} = 5,3 \text{ (kg/mm}^2\text{)} \quad \text{und}$$

$$\sigma_{res} = 5,3 \cdot (1 + \frac{3 \cdot 16}{3}) = 90 \text{ (kg/mm}^2\text{)}$$

Diese hohe Beanspruchung tritt aber nicht auf, da die Stege der elastischen Mittelzone den größten Teil der Zentrifugalkräfte aufnehmen, die bei vorstehender Betrachtung nicht berücksichtigt sind.

Rechnerisch läßt sich die wirkliche Beanspruchung und Verteilung der Kräfte nicht oder nur sehr schwer unter verschiedenen Annahmen berechnen, die nicht unbedingt zuzutreffen brauchen.

Es wurden daher spannungsoptische Versuche an Modellen durchgeführt. Dabei stellte sich heraus, daß der am meisten gefährdete Querschnitt Q-Q in diesem Falle an der Stelle liegt, an der das Segment mit dem Außenring zusammenhängt. Für diesen Fall ergibt sich eine Biegebeanspruchung von $\sigma_b = 780 \text{ kg/cm}^2$.

Für radial geschlitzte Sägeblätter läßt sich die Beanspruchung des gefährdeten Querschnittes folgendermaßen berechnen:

Die Fliehkraft des Segmentes ist nach Gleichung (14)

(18$_1$) $$C = m \cdot r \cdot \omega^2 = \frac{G}{g} \cdot r \cdot \omega^2 = \frac{F \cdot s \cdot \gamma}{g} \cdot r \cdot \omega^2$$

Die Fläche eines Segmentes ist (siehe auch Abb. 39)

$$F = \frac{F_1 - F_2}{z}$$

(19) $$F = \frac{R^2 \cdot \pi - 0,5 \, z \cdot (R-L)^2 \cdot \sin 360°/z}{z}$$

$$F = \frac{R^2 \cdot \pi}{z} - \frac{1}{2} \cdot (R - L)^2 \cdot \sin \frac{360°}{z}$$

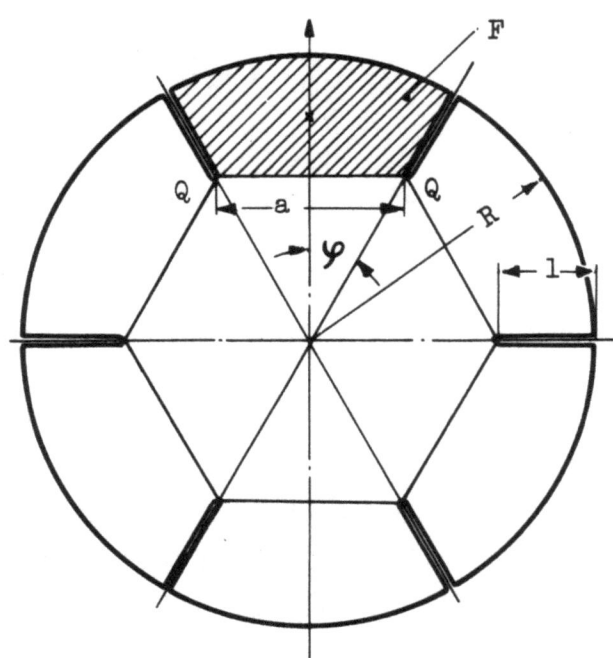

Abbildung 39
Skizze für die Fliehkraftberechnung in einem Segment
bei geschlitzten Kreissägeblättern

Hierin bedeuten: z = Anzahl der Seiten
L = Schlitzlänge
G = Gewicht des Segmentes
$F_1 = R^2 \cdot \pi$ Fläche des ganzen Sägeblattes ohne Zähne
$F_2 = \frac{1}{2} \cdot (R-L)^2 \cdot \sin \frac{360°}{z}$ Fläche des nicht geschlitzten Vieleckes

In der Praxis kommen normalerweise 4, 6 und 8 Schlitze vor. Setzen wir diese Schlitzzahl (= Anzahl der Seiten des Vieleckes) an Stelle von z in Gleichung (19) ein, ergibt sich

(20) $$F_4 = \frac{R^2 \cdot \pi}{4} - \frac{1}{2} \cdot (R-L)^2 \cdot \sin 90° = \frac{R^2 \cdot \pi}{4} - \frac{1}{2} \cdot (R-L)^2$$

(21) $$F_6 = \frac{R^2 \cdot \pi}{6} - \frac{1}{2} \cdot (R-L)^2 \cdot \sin 60° = \frac{R^2 \cdot \pi}{6} - \frac{1}{2} \cdot (R-L)^2 \cdot 0{,}866$$

(22) $$F_8 = \frac{R^2 \cdot \pi}{8} - \frac{1}{2} \cdot (R-L)^2 \cdot \sin 45° = \frac{R^2 \cdot \pi}{8} - \frac{1}{2} \cdot (R-L)^2 \cdot 0{,}707$$

Nachstehende Tabelle enthält die für verschiedene Fälle errechneten Werte für F/r^2 sowie die experimentell ermittelten zugehörigen Schwerpunktradien r/R, die Längen a/R, die gefährdeten Querschnitte als Verhältniszahlen zum Radius und einem Faktor $K = \frac{F \cdot r}{a}$.

Die Zugbeanspruchung des gefährdeten Querschnittes $q = a \cdot s$ ist

(23) $$\sigma_z = \frac{C}{q}$$

Aus Gleichung (18_1) wird C eingesetzt:

(24) $$\sigma_z = \frac{F \cdot s \cdot \gamma}{g \cdot a \cdot s} \cdot r \cdot \omega^2$$

Wir setzen nun $\gamma = 7{,}85 \cdot 10^{-3}$ (kg/cm³), $g = 981$ cm/sek² und $\omega = \frac{\pi \cdot n}{30}$ ein und erhalten

(25) $$\sigma_z = 8{,}72 \cdot 10^{-8} \cdot \frac{F \cdot r}{a} \cdot n^2$$

Erweitern wir nun die rechte Seite der Gleichung mit R^2/R^2 und setzen

$$\frac{8{,}72 \cdot F \cdot r}{a \cdot R^2} = K$$

ein, dann wird

(26) $$\sigma_z = 10^{-8} \cdot K \cdot R^2 \cdot n^2$$

Den Wert K entnehmen wir ebenfalls der nachstehenden Tabelle (4, 6 und 8 Schlitze verschiedener Länge sind berücksichtigt). Zwischenwerte siehe Abbildung 40 ; Z = Zahl der Schlitze.

Z	l/R	a/R	r/R	F/R^2	K (kg/cm⁴ sek²)
4	1/4	1,06	0,74	0,51	3,10
	1/3	0,94	0,72	0,56	3,74
	1/2	0,71	0,66	0,67	5,41
6	1/4	0,75	0,82	0,28	2,65
	1/3	0,66	0,78	0,33	3,40
	1/2	0,50	0,73	0,42	5,26
8	1/4	0,56	0,84	0,19	2,51
	1/3	0,50	0,81	0,24	3,31
	1/2	0,38	0,74	0,30	5,15

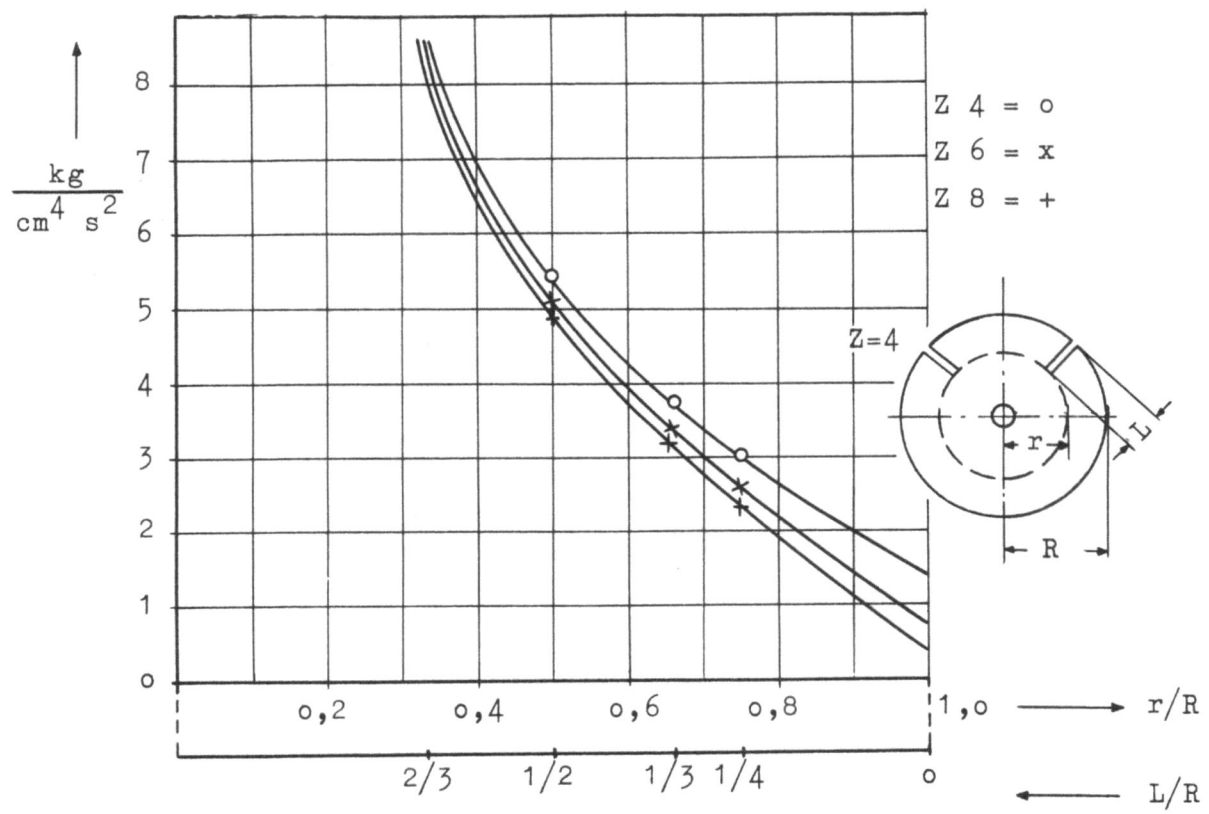

Abbildung 40
Faktor K für Kreissägen mit Schlitzen
in Abhängigkeit vom Verhältnis r/R bzw. L/R
Z = Zahl der Schlitze; L = Länge der Schlitze

Als Beispiel wird die Spannung für eine Scheibe mit folgenden Werten berechnet: R = 20 cm; L = R/2; Z = 4; n = 3000 U/min.
Es ergibt sich für σ = 196,5 kg/cm^2. In diesem Falle liegt somit eine mindestens 40-fache Sicherheit vor.

7. Verringerung des Erwärmungs-Einflusses

Für Sägeblattwerkstoffe betragen die Temperatur-Ausdehnungskoeffizienten bei Temperaturen zwischen 20° und 100 °C 10,9 ... 11,7 · 10^{-6} (1/°C), bei Temperaturen bis 600 °C ... 14,6 · 10^{-6} (1/°C). Man rechnet im allgemeinen mit 11,6 · 10^{-6} (1/°C).

Aus den Zahlen geht hervor, daß die Unterschiede bei den verschiedenen Sägestahlsorten gering sind, d.h. also, daß die verschiedenen Werkstoffe auf das Laufverhalten von Kreissägen vermutlich keinen wesentlichen Einfluß haben.

Eine Verbesserung des Lauf- und Arbeitsverhaltens von Kreissägen wäre durch Verwendung von Werkstoffen mit geringer Wärmeausdehnung möglich, wobei ihr Temperatur-Ausdehnungskoeffizient etwa um eine Größenordnung kleiner sein müßte als der der bisherigen Sägenstähle. Diese Eigenschaften haben jedoch nur Werkstoffe mit verhältnismäßig hohem Nickelgehalt, die aber einerseits sehr teuer sind und aus diesem Grunde schon für den Normalfall ausscheiden, andererseits keine guten Schneideigenschaften haben, abgesehen davon, daß sie sich für das Auflöten oder Schweißen von Schneidwerkstoffen schlecht eignen. Sie kommen infolgedessen als Träger für eingesetzte Werkzeugschneiden nur in Sonderfällen in Frage.

Es wäre auch denkbar, die Wärmeverteilung über das Sägeblatt zu verbessern, wenn man metallische Oberflächenschichten durch Plattieren, Aufspritzen oder Aufgalvanisieren vorsieht, deren Wärmeleitfähigkeit besser ist. Da die Schichten verhältnismäßig dünn und wesentlich weicher als der Blattstahl wären, würde die Schnittfähigkeit an den Zahnspitzen unzureichend sein. Diese Ausführung käme also nur als Träger für eingesetzte Schneiden in Frage. Wie weit sich jedoch derartige Sägeblatt-Ausführungen in der Praxis bewähren, müßte näher untersucht werden. Bisher wurden nur die erfolgversprechenden Möglichkeiten erprobt.

8. Zusammenfassung

Die Wärmebehandlung muß so sein, daß die Sägeblätter gerade bleiben, um die Richt- und Spannarbeit zu erleichtern und maschinelles Richten und Spannen zu ermöglichen. Weichhautbildung muß vermieden werden. Schleifen verbessert die Ebenheit und macht das Blatt loser (Blankrichten kann in vielen Fällen wegfallen).

Eine Richt- und Spannmaschine mit einstellbarer und meßbarer Druckkraft wird entwickelt für die Herstellung von Sägeblättern mit etwa den gleichen Lauf- und Spannungseigenschaften, wie sie mit dem bisherigen manuellen Richten und Spannen erzeugt werden. Durch maschinelles Spannen sind folgende Vorteile zu erwarten: Einsparung von Arbeitskräften, besonders bei größeren Sägeblättern, Ersatz von Facharbeitern durch angelernte

Kräfte, Möglichkeit des Nachspannens beim Verbraucher (die Spannungen lassen beim Arbeiten stets nach, besonders aber bei Überbeanspruchung).

Bei Erwärmung ab 320 °C treten besonders starke und teilweise bleibende Änderungen des Richt- und Spannungszustandes und somit auch des Arbeitsverhaltens auf. Vorhandene Beulen werden größer.

Die Erwärmung der Randzone ruft wesentlich größeren Blattverzug hervor als die Erwärmung der Spannungszone auf gleiche Temperatur. Geringfügige Randzonenerwärmung um 30 °C bewirkt bereits einen starken Verzug (also starkes Flattern), der durch die Spannung nur in geringem Maße ausgeglichen wird.

Durch Schlitze und Aussparungen bisher üblicher Ausführung tritt eine Kühlwirkung ein, die einen geringeren Verzug des Blattes unter gleichen Arbeitsbedingungen als bei einem normalen Sägeblatt zur Folge hat. Durch Schlitze von genügender Länge und Anzahl in der Zahnzone wird außerdem ein Ausgleich des Wärmeverzuges erzielt.

Eine elastische Mittelzone (z.B. durch Aussparen oder Einarbeiten von einer gegenüber der Rand- und Lochzone dünneren Mittelzone mit konzentrischen Rillen) bewirkt ebenfalls einen genügenden Ausgleich der Wärmespannung.

Eine ähnliche Wirkung wird durch zonales Erwärmen der kühler bleibenden Zone erzielt.

Werkstoffe mit geringer Wärmeausdehnung bewirken eine Verringerung der Flatterneigung, kommen aber vorerst nur für Sonderzwecke in Frage, z.B. für Werkzeuge mit eingesetzten Schneiden. Ausgleich der Wärmeunterschiede, beispielsweise durch kupferplattierte Stahlbleche, könnten zum Erfolg führen. Es wäre zweckmäßig, derartige Versuche durchzuführen.

Aus den mathematischen Gleichungen ergeben sich für einen bestimmten Fall charakteristische Verläufe der radialen und tangentialen Spannungen. Durch Kombination der verschiedenen Fälle wurden Spannungsverteilungen für weitere Fälle graphisch dargestellt, die verallgemeinert werden können.

Es wurde eine einfache Formel entwickelt zur Berechnung der Beanspruchung gefährdeter Querschnitte bei geschlitzten Sägeblättern. Eine Fortsetzung dieser Arbeit mit Ergebnissen aus Schnittversuchen folgt.

Zur Ergänzung der durch vorstehende Laborversuche gewonnenen Erkenntnisse sind praktische Schnittversuche in Betrieben, u.a. in Sperrholz- und Spanplattenwerken, in Angriff genommen. Es ist zu erwarten, daß verschiedene bereits schon jetzt als richtig und zweckmäßig erkannte Maßnahmen zur Verbesserung der Qualität der Sägeblätter und ihrer Formgebung bei gleichzeitiger Vereinfachung der Fertigung auch ihre praktische Nutzanwendung finden werden.

Dr.-Ing. Eginhard BARZ, Remscheid

9. Literaturverzeichnis

[1] AWF — Betriebsblatt 51. Kreissägeblätter für Holz-Längsschnitt. 7.Aufl. Berlin und Köln: Beuth-Vertrieb. 1952. 2o S

[2] AWF — Betriebsblatt 54. Kreissägeblätter für Holz-Querschnitt. 2.Aufl. Berlin: Beuth-Vertrieb. April 194o. 4 S

[3] AWF — Mitteilung 11 (1929), S. 41-43. Kreissägenversuche mit verschiedenen Stahlsorten

[4] Verein zur Förderung — "Fehler- und Spannungsuntersuchungen an Kreissägeblättern für Holz, Meßverfahren für den Richt- und Spannungszustand". Forschungsberichte des Ministeriums für Wirtschaft und Verkehr des Landes NRW, Heft 51

[5] Verein zur Förderung — "Schwingungs- und Arbeitsverhalten von Kreissägeblättern für Holz". Forschungsberichte des Ministeriums für Wirtschaft und Verkehr des Landes NRW, Heft 61

[6] BOHR, H. — "Die Herstellung von Edelstahlblechen". In: J.Puppe-Walzwerkswesen, Bd.3, Düsseldorf: Verlag Stahleisen und Berlin: Julius Springer 1939. S. 292 bis 3o6

[7] DOMINICUS, M. — Handbuch über Sägen. Wuppertal-Barmen: Imo-Großdruckerei (1941) 229 S

[8] FÖPPL, A. — Vorlesungen über Technische Mechanik. 5.Bd.: "Die wichtigsten Lehren der höheren Elastizitätstheorie". 4.Aufl. Leipzig und Berlin: B.G. Teubner 1922. 372 S. 16. Die rotierende Scheibe (S. 85 bis 89)

[9]	FÖPPL, L.	Drang und Zwang, 3. Bd.: "Der ebene Spannungszustand", München 1947, Leibnitz Verlag
[10]	HUND, G.	"Das Walzen von Feinblechen". In: J. Puppe-Walzwerkswesen, Bd. 3, Düsseldorf: Verlag Stahleisen und Berlin: Julius Springer 1939. S. 109 bis 292
[11]	LEVERINGHAUS, R.W.	"Sägenstähle". In: Werkstoff-Handbuch Stahl und Eisen. 2.Aufl. Düsseldorf: Verlag Stahleisen m.b.h. 1937. S.P 71-1 bis 71-4
[12]	LINDHOLM, E.	"Cirkelsagars buckling (= Buckligwerden) vid symmetrisk temperaturfördelning". Teknisk Tidskrift, 18. März 1950, S.243-247
[13]	MELAN, E. und H. PARKUS	"Wärmespannungen". Springer-Verlag, Wien 1953
[14]	REISER, F. und F. RAPATZ	"Das Härten des Stahles" 8.Aufl. Leipzig: Arthur Felix 1932. 201 S
[15]	SACHSENBERG, E.	(Dresden). Vergleichende Untersuchung blankgeschliffener und ungeschliffener sogenannter schwarzer Sägeblätter. Holz als Roh- und Werkstoff 6 (1943) H 8 bis 9 (Aug. bis Sept.) S. 246 bis 249
[16]	SCHMALTZ	Die amerikanischen Methoden zur Behandlung der Bandsägeblätter und ihre elastizitätstheoretische Begründung. Z.VDI 71 (1927) S. 1645 bis 1653
[17]	SCHMIDT, M.	"Werkzeugstähle". Düsseldorf: Verlag Stahleisen 1943. 263 S. - S. 171 bis 173: "Holzsägen"
[18]	SIMON, E.	"Härten und Vergüten". 2 Bände. Berlin: Julius Springer 1930 und 1931, 70 u. 65 S
[19]	THUM, A. und SVENSON	"Mehrfache Kerbwirkung", Z.VDI Bd. 92 (1950) Nr. 10, S. 225 bis 230
[20]	WEBER, C.	"Über die Spannungserhöhung durch kreisförmige Löcher in einem gezogenen Blech" ZAMM, Bd. 2 (1922) S. 185 bis 187
[21]	WÜSTER, E.	"Die Herstellung der Sägeblätter für Holz" Wien: Springer-Verlag 1952
[22]	SAITO und NIGA	The Buckling of the Circular Saw (II) zu beziehen über Österr. Gesellschaft für Holzforschung, Dokumentationsstelle, Wien III, Arsenal

FORSCHUNGSBERICHTE
DES WIRTSCHAFTS- UND VERKEHRSMINISTERIUMS
NORDRHEIN-WESTFALEN

Herausgegeben von Staatssekretär Prof. Leo Brandt

HEFT 1
Prof. Dr.-Ing. E. Flegler, Aachen
Untersuchungen oxydischer Ferromagnet-Werkstoffe
1952, 20 Seiten, DM 6,75

HEFT 2
Prof. Dr. W. Fuchs, Aachen
Untersuchungen über absatzfreie Teeröle
1952, 32 Seiten, 5 Abb., 6 Tabellen, DM 10,—

HEFT 3
Techn.-Wissenschaftl. Büro für die Bastfaserindustrie, Bielefeld
Untersuchungsarbeiten zur Verbesserung des Leinenwebstuhls
1952, 44 Seiten, 7 Abb., 3 Tabellen, DM 12,50

HEFT 4
Prof. Dr. E. A. Müller und Dipl.-Ing. H. Spitzer, Dortmund
Untersuchungen über die Hitzebelastung in Hüttebetrieben
1952, 28 Seiten, 5 Abb., 1 Tabelle, DM 9,—

HEFT 5
Dipl.-Ing. W. Fister, Aachen
Prüfstand der Turbinenuntersuchungen
1952, 40 Seiten, 30 Abb., 3 Schaltbilder, DM 1,—

HEFT 6
Prof. Dr. W. Fuchs, Aachen
Untersuchungen über die Zusammensetzung und Verwendbarkeit von Schwelteerfraktionen
1952, 36 Seiten, DM 10.50

HEFT 7
Prof. Dr. W. Fuchs, Aachen
Untersuchungen über emsländisches Petrolatum
1952, 36 Seiten, 1 Abb., 17 Tabellen, DM 10,50

HEFT 8
M. E. Meffert und H. Stratmann, Essen
Algen-Großkulturen im Sommer 1951
1953, 52 Seiten, 4 Abb., 20 Tabellen, DM 9,75

HEFT 9
Techn.-Wissenschaftl. Büro für die Bastfaserindustrie, Bielefeld
Untersuchungen über die zweckmäßige Wicklungsart von Leinengarnkreuzspulen unter Berücksichtigung der Anwendung hoher Geschwindigkeiten des Garnes
Vorversuche für Zetteln und Schären von Leinengarnen auf Hochleistungsmaschinen
1952, 48 Seiten, 7 Abb., 7 Tabellen, DM 9,25

HEFT 10
Prof. Dr. W. Vogel, Köln
„Das Streifenpaar" als neues System zur mechanischen Vergrößerung kleiner Verschiebungen und seine technischen Anwendungsmöglichkeiten
1953, 20 Seiten, 6 Abb., DM 4,50

HEFT 11
Laboratorium für Werkzeugmaschinen und Betriebslehre, Technische Hochschule Aachen
1. Untersuchungen über Metallbearbeitung im Fräsvorgang mit Hartmetallwerkzeugen und negativen Spanwinkel
2. Weiterentwicklung des Schleifverfahrens für die Herstellung von Präzisionswerkstücken unter Vermeidung hoher Temperaturen
3. Untersuchung von Oberflächenveredlungsverfahren zur Steigerung der Belastbarkeit hochbeanspruchter Bauteile
1953, 80 Seiten, 61 Abb., DM 15,75

HEFT 12
Elektrowärme-Institut, Langenberg (Rhld.)
Induktive Erwärmung mit Netzfrequenz
1952, 22 Seiten 6 Abb., DM 5,20

HEFT 13
Techn.-Wissenschaftl. Büro für die Bastfaserindustrie, Bielefeld
Das Naßspinnen von Bastfasergarnen mit chemischen Zusätzen zum Spinnbad
1953, 52 Seiten, 4 Abb., 19 Tabellen, DM 10,—

HEFT 14
Forschungsstelle für Acetylen, Dortmund
Untersuchungen über Aceton als Lösungsmittel für Acetylen
1952, 64 Seiten, 10 Abb., 26 Tabellen, DM 12,25

HEFT 15
Wäschereiforschung Krefeld
Trocknen von Wäschestoffen
1953, 48 Seiten, 14 Abb., 2 Tabellen, DM 9,—

HEFT 16
Max-Planck-Institut für Kohlenforschung, Mülheim a. d. Ruhr
Arbeiten des MPI für Kohlenforschung
1953, 104 Seiten, 9 Abb., DM 17,80

HEFT 17
Ingenieurbüro Herbert Stein, M.-Gladbach
Untersuchung der Verzugsvorgänge in den Streckwerken verschiedener Spinnereimaschinen. 1. Bericht: Vergleichende Prüfung mit verschiedenen Dickenmeßgeräten
1952, 36 Seiten, 15 Abb., DM 8,—

HEFT 18
Wäschereiforschung Krefeld
Grundlagen zur Erfassung der chemischen Schädigung beim Waschen
1953, 68 Seiten, 15 Abb., 15 Tabellen, DM 12,75

HEFT 19
Techn.-Wissenschaftl. Büro für die Bastfaserindustrie, Bielefeld
Die Auswirkung des Schlichtens von Leinengarnketten auf den Verarbeitungswirkungsgrad, sowie die Festigkeit und Dehnungsverhältnisse der Garne und Gewebe
1953, 48 Seiten, 1 Abb., 9 Tabellen, DM 9,—

HEFT 20
Techn.-Wissenschaftl. Büro für die Bastfaserindustrie, Bielefeld
Trocknung von Leinengarnen I
Vorgang und Einwirkung auf die Garnqualität
1953, 62 Seiten, 18 Abb., 5 Tabellen, DM 12,—

HEFT 21
Techn.-Wissenschaftl. Büro für die Bastfaserindustrie, Bielefeld
Trocknung von Leinengarnen II
Spulenanordnung und Luftführung beim Trocknen von Kreuzspulen
1953, 66 Seiten, 22 Abb., 9 Tabellen, DM 13,—

HEFT 22
Techn.-Wissenschaftl. Büro für die Bastfaserindustrie, Bielefeld
Die Reparaturanfälligkeit von Webstühlen
1953, 28 Seiten, 7 Abb., 5 Tabellen, DM 5,80

HEFT 23
Institut für Starkstromtechnik, Aachen
Rechnerische und experimentelle Untersuchungen zur Kenntnis der Metadyne als Umformer von konstanter Spannung auf konstanten Strom
1953, 52 Seiten, 20 Abb., 4 Tafeln, DM 9,75

HEFT 24
Institut für Starkstromtechnik, Aachen
Vergleich verschiedener Generator-Metadyne-Schaltungen in bezug auf statisches Verhalten
1952, 44 Seiten, 23 Abb., DM 8,50

HEFT 25
Gesellschaft für Kohlentechnik mbH., Dortmund-Eving
Struktur der Steinkohlen und Steinkohlen-Kokse
1953, 58 Seiten, DM 11,—

HEFT 26
Techn.-Wissenschaftl. Büro für die Bastfaserindustrie, Bielefeld
Vergleichende Untersuchungen zweier neuzeitlicher Ungleichmäßigkeitsprüfer für Bänder und Garne hinsichtlich ihrer Eignung für die Bastfaserspinnerei
1953, 64 Seiten, 30 Abb., DM 12,50

HEFT 27
Prof. Dr. E. Schratz, Münster
Untersuchungen zur Rentabilität des Arzneipflanzenanbaues Römische Kamille, Anthemis nobilis L.
1953, 16 Seiten, 1 Tabelle, DM 3,60

HEFT 28
Prof. Dr. E. Schratz, Münster
Calendula officinalis L. Studien zur Ernährung, Blütenfüllung und Rentabilität der Drogengewinnung
1953, 24 Seiten, 2 Abb., 3 Tabellen, DM 5,20

HEFT 29
Techn.-Wissenschaftl. Büro für die Bastfaserindustrie, Bielefeld
Die Ausnützung der Leinengarne in Geweben
1953, 100 Seiten, 14 Abb. 10 Tabellen, DM 17,80

HEFT 30
Gesellschaft für Kohlentechnik mbH., Dortmund-Eving
Kombinierte Entaschung und Verschwelung von Steinkohle; Aufarbeitung von Steinkohlenschlämmen zu verkokbarer oder verschwelbarer Kohle
1953, 56 Seiten, 16 Abb., 10 Tabellen, DM 10,50

HEFT 31
Dipl.-Ing. A. Stormanns, Essen
Messung des Leistungsbedarfs von Doppelsteg-Kettenförderern
1954, 54 Seiten, 18 Abb., 3 Anlagen, DM 11,—

HEFT 32
Techn.-Wissenschaftl. Büro für die Bastfaserindustrie, Bielefeld
Der Einfluß der Natriumchloridbleiche auf Qualität und Verwebbarkeit von Leinengarnen und die Eigenschaften der Leinengewebe unter besonderer Berücksichtigung des Einsatzes von Schützen- und Spulenwechselautomaten in der Leinenweberei
1953, 64 Seiten, 2 Abb., 12 Tabellen, DM 11,50

HEFT 33
Kohlenstoffbiologische Forschungsstation e.V.
Eine Methode zur Bestimmung von Schwefeldioxyd und Schwefelwasserstoff in Rauchgasen und in der Atmosphäre
1953, 32 Seiten, 8 Abb., 3 Tabellen, DM 6.50

HEFT 34
Textilforschungsanstalt Krefeld
Quellungs- und Entquellungsvorgänge bei Faserstoffen
1953, 52 Seiten, 13 Abb., 13 Tabellen, DM 9,80

WESTDEUTSCHER VERLAG · KÖLN UND OPLADEN

HEFT 35
Professor Dr. W. Kast, Krefeld
Feinstrukturuntersuchungen an künstlichen Zellulosefasern verschiedener Herstellungsverfahren.
Teil I: Der Orientierungszustand
1953, 74 Seiten, 30 Abb., 7 Tabellen, DM 13,80

HEFT 36
Forschungsinstitut der feuerfesten Industrie, Bonn
Untersuchungen über die Trocknung von Rohton
Untersuchungen über die chemische Reinigung von Silika- und Schamotte-Rohstoffen mit chlorhaltigen Gasen
1953, 60 Seiten, 5 Abb., 5 Tabellen, DM 11,—

HEFT 37
Forschungsinstitut der feuerfesten Industrie, Bonn
Untersuchungen über den Einfluß der Probenvorbereitung auf die Kaltdruckfestigkeit feuerfester Steine
1953, 40 Seiten, 2 Abb., 5 Tabellen, DM 7,80

HEFT 38
Forschungsstelle für Acetylen, Dortmund
Untersuchungen über die Trocknung von Acetylen zur Herstellung von Dissousgas
1953, 36 Seiten, 11 Abb., 3 Tabellen, DM 6,80

HEFT 39
Forschungsgesellschaft Blechverarbeitung e. V., Düsseldorf
Untersuchungen an prägegemusterten und vorgelochten Blechen
1953, 46 Seiten, 34 Abb., DM 9,50

HEFT 40
Landesgeologe Dr.-Ing. W. Wolff, Amt für Bodenforschung, Krefeld
Untersuchungen über die Anwendbarkeit geophysikalischer Verfahren zur Untersuchung von Spateisengängen im Siegerland
1953, 46 Seiten, 8 Abb., DM 8,80

HEFT 41
Techn.-Wissenschaftl. Büro für die Bastfaserindustrie, Bielefeld
Untersuchungsarbeiten zur Verbesserung des Leinenwebstuhles II
1953, 40 Seiten, 4 Abb., 5 Tabellen, DM 7,80

HEFT 42
Professor Dr. B. Helferich, Bonn
Untersuchungen über Wirkstoffe — Fermente — in der Kartoffel und die Möglichkeit ihrer Verwendung
1953, 58 Seiten, 9 Abb., DM 11,—

HEFT 43
Forschungsgesellschaft Blechverarbeitung e. V., Düsseldorf
Forschungsergebnisse über das Beizen von Blechen
1953, 48 Seiten, 38 Abb., 2 Tabellen, DM 11,30

HEFT 44
Arbeitsgemeinschaft für praktische Dehnungsmessung, Düsseldorf
Eigenschaften und Anwendungen von Dehnungsmeßstreifen
1953, 68 Seiten, 43 Abb., 2 Tabellen, DM 13,70

HEFT 45
Losenhausenwerk Düsseldorfer Maschinenbau AG., Düsseldorf
Untersuchungen von störenden Einflüssen auf die Lastgrenzenanzeige von Dauerschwingprüfmaschinen
1953, 36 Seiten, 11 Abb., 3 Tabellen, DM 7,25

HEFT 46
Prof. Dr. W. Fuchs, Aachen
Untersuchungen über die Aufbereitung von Wasser für die Dampferzeugung in Benson-Kesseln
1953, 58 Seiten, 18 Abb., 9 Tabellen, DM 11,20

HEFT 47
Prof. Dr.-Ing. K. Krekeler, Aachen
Versuche über die Anwendung der induktiven Erwärmung zum Sintern von hochschmelzenden Metallen sowie zur Anlegierung und Vergütung von aufgespritzten Metallschichten mit dem Grundwerkstoff
1954, 66 Seiten, 39 Abb., DM 13,90

HEFT 48
Max-Planck-Institut für Eisenforschung, Düsseldorf
Spektrochemische Analyse der Gefügebestandteile in Stählen nach ihrer Isolierung
1953, 38 Seiten, 8 Abb., 5 Tabellen, DM 7,80

HEFT 49
Max-Planck-Institut für Eisenforschung, Düsseldorf
Untersuchungen über Ablauf der Desoxydation und die Bildung von Einschlüssen in Stählen
1953, 52 Seiten, 19 Abb., 3 Tabellen, DM 12,40

HEFT 50
Max-Planck-Institut für Eisenforschung, Düsseldorf
Flammenspektralanalytische Untersuchung der Ferritzusammensetzung in Stählen
1953, 44 Seiten, 15 Abb., 4 Tabellen, DM 8,60

HEFT 51
Verein zur Förderung von Forschungs- und Entwicklungsarbeiten in der Werkzeugindustrie e. V., Remscheid
Untersuchungen an Kreissägeblättern für Holz, Fehler- und Spannungsprüfverfahren
1953, 50 Seiten, 23 Abb., DM 10,—

HEFT 52
Forschungsstelle für Acetylen, Dortmund
Untersuchungen über den Umsatz bei der explosiblen Zersetzung von Azetylen
a) Zersetzung von gasförmigem Azetylen
b) Zersetzung von an Silikagel adsorbiertem Azetylen
1954, 48 Seiten, 8 Abb., 10 Tabellen, DM 9,25

HEFT 53
Professor Dr.-Ing. H. Opitz, Aachen
Reibwert und Verschleißmessungen an Kunststoffgleitführungen für Werkzeugmaschinen
1954, 38 Seiten, 18 Abb., DM 8,20

HEFT 54
Professor Dr.-Ing. F. A. F. Schmidt, Aachen
Schaffung von Grundlagen für die Erhöhung der spez. Leistung und Herabsetzung des spez. Brennstoffverbrauches bei Ottomotoren mit Teilbericht über Arbeiten an einem neuen Einspritzverfahren
1954, 34 Seiten, 15 Abb., DM 7,40

HEFT 55
Forschungsgesellschaft Blechverarbeitung e. V. Düsseldorf
Chemisches Glänzen von Messing und Neusilber
1954, 50 Seiten, 21 Abb., 1 Tabelle, DM 10,20

HEFT 56
Forschungsgesellschaft Blechverarbeitung e. V., Düsseldorf
Untersuchungen über einige Probleme der Behandlung von Blechoberflächen
1954, 52 Seiten, 42 Abb., DM 11,20

HEFT 57
Prof. Dr.-Ing. F. A. F. Schmidt, Aachen
Untersuchungen zur Erforschung des Einflusses des chemischen Aufbaues des Kraftstoffes auf sein Verhalten im Motor und in Brennkammern von Gasturbinen
1954, 70 Seiten, 32 Abb., DM 14,60

HEFT 58
Gesellschaft für Kohlentechnik mbH., Dortmund
Herstellung und Untersuchung von Steinkohlenschwelteer
1954, 74 Seiten, 9 Abb., 9 Tabellen, DM 13,75

HEFT 59
Forschungsinstitut der Feuerfest-Industrie e. V., Bonn
Ein Schnellanalysenverfahren zur Bestimmung von Aluminiumoxyd, Eisenoxyd und Titanoxyd in feuerfestem Material mittels organischer Farbreagenzien auf photometrischem Wege
Untersuchungen des Alkali-Gehaltes feuerfester Stoffe mit dem Flammenphotometer nach Riehm-Lange
1954, 62 Seiten, 12 Abb., 3 Tabellen, DM 11,60

HEFT 60
Forschungsgesellschaft Blechverarbeitung e. V., Düsseldorf
Untersuchungen über das Spritzlackieren im elektrostatischen Hochspannungsfeld
1954, 82 Seiten, 53 Abb., 7 Tabellen, DM 17,—

HEFT 61
Verein zur Förderung von Forschungs- und Entwicklungsarbeiten in der Werkzeugindustrie e. V., Remscheid
Schwingungs- und Arbeitsverhalten von Kreissägeblättern für Holz
1954, 54 Seiten, 31 Abb., DM 11,40

HEFT 62
Professor Dr. W. Franz, Institut für theoretische Physik der Universität Münster
Berechnung des elektrischen Durchschlags durch feste und flüssige Isolatoren
1954, 36 Seiten, DM 7,—

HEFT 63
Textilforschungsanstalt Krefeld
Neue Methoden zur Untersuchung der Wirkungsweise von Textilhilfsmitteln
Untersuchungen über Schlichtungs- und Entschlichtungsvorgänge
1954, 34 Seiten, 1 Abb., 5 Tabellen, DM 6,80

HEFT 64
Textilforschungsanstalt Krefeld
Die Kettenlängenverteilung von hochpolymeren Faserstoffen
Über die fraktionierte Fällung von Polyamiden
1954, 44 Seiten, 13 Abb., DM 8,60

HEFT 65
Fachverband Schneidwarenindustrie, Solingen
Untersuchungen über das elektrolytische Polieren von Tafelmesserklingen aus rostfreiem Stahl
1954, 90 Seiten, 38 Abb., 9 Tabellen, DM 17,35

HEFT 66
Dr.-Ing. P. Füsgen VDI †, Düsseldorf
Untersuchungen über das Auftreten des Ratterns bei selbsthemmenden Schneckengetrieben und seine Verhütung
1954, 32 Seiten, 5 Abb., DM 6,60

HEFT 67
Heinrich Wösthoff o. H. G., Apparatebau, Bochum
Entwicklung einer chemisch-physikalischen Apparatur zur Bestimmung kleinster Kohlenoxyd-Konzentrationen
1954, 94 Seiten, 48 Abb., 2 Tabellen, DM 18,25

HEFT 68
Kohlenstoffbiologische Forschungsstation e. V., Essen
Algengroßkulturen im Sommer 1952
II. Über die unsterile Großkultur von Scenedesmus obliquus
1954, 62 Seiten, 3 Abb., 29 Tabellen, DM 11,40

HEFT 69
Wäschereiforschung Krefeld
Bestimmung des Faserabbaues bei Leinen unter besonderer Berücksichtigung der Leinengarnbleiche
1954, 48 Seiten, 15 Abb., 3 Tabellen, DM 9,60

HEFT 70
Wäschereiforschung Krefeld
Trocknen von Wäschestoffen
1954, 52 Seiten, 18 Abb., 3 Tabellen, DM 10,—

HEFT 71
Prof. Dr.-Ing. K. Leist, Aachen
Kleingasturbinen, insbesondere zum Fahrzeugantrieb
1954, 114 Seiten, 85 Abb., DM 22,—

HEFT 72
Prof. Dr.-Ing. K. Leist, Aachen
Beitrag zur Untersuchung von stehenden geraden Turbinengittern mit Hilfe von Druckverteilungsmessungen
1954, 152 Seiten, 111 Abb., DM 36,20

HEFT 73
Prof. Dr.-Ing. K. Leist, Aachen
Spannungsoptische Untersuchungen von Turbinenschaufelfüßen
1954, 66 Seiten, 46 Abb., 2 Tabellen, DM 14,60

HEFT 74
Max-Planck-Institut für Eisenforschung, Düsseldorf
Versuche zur Klärung des Umwandlungsverhaltens eines sonderkarbidbildenden Chromstahls
1954, 58 Seiten, 10 Abb., DM 14,—

HEFT 75
Max-Planck-Institut für Eisenforschung, Düsseldorf
Zeit-Temperatur-Umwandlungs-Schaubilder als Grundlage der Wärmebehandlung der Stähle
1954, 44 Seiten, 13 Abb., DM 8,70

HEFT 76
Max-Planck-Institut für Arbeitsphysiologie, Dortmund
Arbeitstechnische und arbeitsphysiologische Rationalisierung von Mauersteinen
1954, 52 Seiten, 12 Abb., 3 Tabellen, DM 10,20

HEFT 77
Meteor Apparatebau Paul Schmeck GmbH., Siegen
Entwicklung von Leuchtstoffröhren hoher Leistung
1954, 46 Seiten, 12 Abb., 2 Tabellen, DM 9,15

HEFT 78
Forschungsstelle für Acetylen, Dortmund
Über die Zustandsgleichung des gasförmigen Acetylens und das Gleichgewicht Acetylen — Aceton
1954, 42 Seiten, 3 Abb., 8 Tabellen, DM 8,—

HEFT 79
Techn.-Wissenschaftl. Büro für die Bastfaserindustrie, Bielefeld
Trocknung von Leinengarnen III
Spinnspulen- und Spinnkopftrocknung
Vorgang und Einwirkung auf die Garnqualität
1954, 74 Seiten, 18 Abb., 10 Tabellen, DM 14,—

WESTDEUTSCHER VERLAG · KÖLN UND OPLADEN

HEFT 80
Techn.-Wissenschaftl. Büro für die Bastfaserindustrie, Bielefeld
Die Verarbeitung von Leinengarn auf Webstühlen mit und ohne Oberbau
1954, 30 Seiten, 2 Abb., 2 Tabellen, DM 6,—

HEFT 81
Prüf- und Forschungsinstitut für Ziegeleierzeugnisse, Essen-Kray
Die Einführung des großformatigen Einheits-Gitterziegels im Lande Nordrhein-Westfalen
1954, 54 Seiten, 2 Abb., 2 Tabellen, DM 10,—

HEFT 82
Vereinigte Aluminium-Werke AG., Bonn
Forschungsarbeiten auf dem Gebiet der Veredelung von Aluminium-Oberflächen
1954, 46 Seiten, 34 Abb., DM 9,60

HEFT 83
Prof. Dr. S. Strugger, Münster
Über die Struktur der Proplastiden
1954, 30 Seiten, 15 Abb., DM 8,40

HEFT 84
Dr. H. Baron, Düsseldorf
Über Standardisierung von Wundtextilien
1954, 32 Seiten, DM 6,40

HEFT 85
Textilforschungsanstalt Krefeld
Physikalische Untersuchungen an Fasern, Fäden, Garnen und Geweben:
Untersuchungen am Knickscheuergerät nach Weltzien
1954, 40 Seiten, 11 Abb., 8 Tabellen, DM 10,—

HEFT 86
Prof. Dr.-Ing. H. Opitz, Aachen
Untersuchungen über das Fräsen von Baustahl sowie über den Einfluß des Gefüges auf die Zerspanbarkeit
1954, 108 Seiten, 73 Abb., 7 Tabellen, DM 22,—

HEFT 87
Gemeinschaftsausschuß Verzinken, Düsseldorf
Untersuchungen über Güte von Verzinkungen
1954, 68 Seiten, 56 Abb., 3 Tabellen, DM 15,30

HEFT 88
Gesellschaft für Kohlentechnik mbH., Dortmund-Eving
Oxydation von Steinkohle mit Salpetersäure
1954, 62 Seiten, 2 Abb., 1 Tabelle, DM 11,50

HEFT 89
Verein Deutscher Ingenieure, Gleitlagerforschung, Düsseldorf
und Prof. Dr.-Ing. G. Vogelpohl, Göttingen
Versuche mit Preßstoff-Lagern für Walzwerke
1954, 70 Seiten, 34 Abb., DM 14,10

HEFT 90
Forschungs-Institut der Feuerfest-Industrie, Bonn
Das Verhalten von Silikasteinen im Siemens-Martin-Ofengewölbe
1954, 62 Seiten, 15 Abb., 11 Tabellen, DM 11,90

HEFT 91
Forschungs-Institut der Feuerfest-Industrie, Bonn
Untersuchungen des Zusammenhangs zwischen Leistung und Kohlenverbrauch von Kammeröfen zum Brennen von feuerfesten Materialien
1954, 42 Seiten, 6 Abb., DM 8,30

HEFT 92
Techn.-Wissenschaftl. Büro für die Bastfaserindustrie, Bielefeld
und Laboratorium für textile Meßtechnik, M.-Gladbach
Messungen von Vorgängen am Webstuhl
1954, 76 Seiten, 45 Abb., DM 15,50

HEFT 93
Prof. Dr. W. Kast, Krefeld
Spinnversuche zur Strukturerfassung künstlicher Zellulosefasern
1954, 82 Seiten, 39 Abb., 6 Tabellen, DM 16,—

HEFT 94
Prof. Dr. G. Winter, Bonn
Die Heilpflanzen des MATTHIOLUS (1611) gegen Infektionen der Harnwege und Verunreinigung der Wunden bzw. zur Förderung der Wundheilung im Lichte der Antibiotikaforschung
1954, 58 Seiten, 1 Abb., 2 Tabellen, DM 11,50

HEFT 95
Prof. Dr. G. Winter, Bonn
Untersuchungen über die flüchtigen Antibiotika aus der Kapuziner- (Tropaeolum maius) und Gartenkresse (Lepidium sativum) und ihr Verhalten im menschlichen Körper bei Aufnahme von Kapuziner- bzw. Gartenkressensalat per os
1955, 74 Seiten, 9 Abb., 25 Tabellen, DM 14,—

HEFT 96
Dr.-Ing. P. Koch, Dortmund
Austritt von Exoelektronen aus Metalloberflächen unter Berücksichtigung der Verwendung des Effektes für die Materialprüfung
1954, 34 Seiten, 13 Abb., DM 7,—

HEFT 97
Ing. H. Stein, Laboratorium für textile Meßtechnik, M.-Gladbach
Untersuchung der Verzugsvorgänge an den Streckwerken verschiedener Spinnereimaschinen
2. Bericht: Ermittlung der Haft-Gleiteigenschaften von Faserbändern und Vorgarnen
1955, 98 Seiten, 54 Abb., DM 21,—

HEFT 98
Fachverband Gesenkschmieden, Hagen
Die Arbeitsgenauigkeit beim Gesenkschmieden unter Hämmern
1955, 132 Seiten, 55 Abb., 9 Tabellen, DM 24,75

HEFT 99
Prof. Dr.-Ing. G. Garbotz, Aachen
Der Kraft- und Arbeitsaufwand sowie die Leistungen beim Biegen von Bewehrungsstählen in Abhängigkeit von den Abmessungen, den Formen und der Güte der Stähle (Ermittlung von Leistungsrichtlinien)
1955, 136 Seiten, 53 Abb., 3 Anlagen, 18 Tabellen, DM 30,—

HEFT 100
Prof. Dr.-Ing. H. Opitz, Aachen
Untersuchungen von elektrischen Antrieben, Steuerungen und Regelungen an Werkzeugmaschinen
1955, 166 Seiten, 71 Abb., 3 Tabellen, DM 31,30

HEFT 101
Prof. Dr.-Ing. H. Opitz, Aachen
Wirtschaftlichkeitsbetrachtungen beim Außenrundschleifen
1955, 100 Seiten, 56 Abb., 3 Tabellen, DM 19,30

HEFT 102
Dr. P. Hölemann, Ing. R. Hasselmann und Ing. G. Dix, Dortmund
Untersuchungen über die thermische Zündung von explosiblen Acetylenzersetzungen in Kapillaren
1954, 44 Seiten, 5 Abb., 4 Tabellen, DM 8,60

HEFT 103
Prof. Dr. W. Weizel, Bonn
Durchführung von experimentellen Untersuchungen über den zeitlichen Ablauf von Funken in komprimierten Edelgasen sowie zu deren mathematischen Berechnung
1955, 46 Seiten, 12 Abb., DM 9,10

HEFT 104
Prof. Dr. W. Weizel, Bonn
Über den Einfluß der Elektroden auf die Eigenschaften von Cadmium-Sulfid-Widerstands-Photozellen
1955, 48 Seiten, 12 Abb., DM 9,45

HEFT 105
Dr.-Ing. R. Meldau, Harsewinkel/Westf.
Auswertung der Gekörn — Analysen des Musterstaubes „Flugasche Fortuna I"
1955, 42 Seiten, 14 Abb., DM 8,50

HEFT 106
ORR. Dr.-Ing. W. Küch, Dortmund
Untersuchungen über die Einwirkung von feuchtigkeitsgesättigter Luft auf die Festigkeit von Leimverbindungen
1954, 60 Seiten, 10 Abb., 6 Tabellen, DM 11,40

HEFT 107
Prof. Dr. H. Lange und Dipl.-Phys. P. St. Pütter, Köln
Über die Konstruktion von Laboratoriumsmagneten
1955, 66 Seiten, 19 Abb., 1 Tabelle, DM 12,30

HEFT 108
Prof. Dr. W. Fuchs, Aachen
Untersuchungen über neue Beizmethoden und Beizabwässer
I. Die Entzunderung von Drähten mit Natriumhydrid
II. Die Aufbereitung von Beizabwässern
1955, 82 Seiten, 15 Abb., 14 Tabellen, 1 Falttafel, DM 15,25

HEFT 109
Dr. P. Hölemann und Ing. R. Hasselmann, Dortmund
Untersuchungen über die Löslichkeit von Azetylen in verschiedenen organischen Lösungsmitteln
1954, 42 Seiten, 10 Abb., 8 Tabellen, DM 8,30

HEFT 110
Dr. P. Hölemann und Ing. R. Hasselmann, Dortmund
Untersuchungen über den Druckverlauf bei der explosiblen Zersetzung von gasförmigem Azetylen
1955, 54 Seiten, 10 Abb., 5 Tabellen, DM 11,—

HEFT 111
Fachverband Steinzeugindustrie, Köln
Die Entwicklung eines Gerätes zur Beschickung seitlicher Feuer von Steinzeug-Einzelkammeröfen mit festen Brennstoffen
1955, 46 Seiten, 16 Abb., DM 9,40

HEFT 112
Prof. Dr.-Ing. H. Opitz, Aachen
Verschleißmessungen beim Drehen mit aktivierten Hartmetallwerkzeugen
1954, 44 Seiten, 17 Abb., 6 Tabellen, DM 8,80

HEFT 113
Prof. Dr. O. Graf, Dortmund
Erforschung der geistigen Ermüdung und nervösen Belastung: Studien über die vegetative 24-Stunden-Rhythmik in Ruhe und unter Belastung
1955, 40 Seiten, 12 Abb., DM 8,20

HEFT 114
Prof. Dr. O. Graf, Dortmund
Studien über Fließarbeitsprobleme an einer praxisnahen Experimentieranlage
1954, 34 Seiten, 6 Abb., DM 7,—

HEFT 115
Prof. Dr. O. Graf, Dortmund
Studium über Arbeitspausen in Betrieben bei freier und zeitgebundener Arbeit (Fließarbeit) und ihre Auswirkung auf die Leistungsfähigkeit
1955, 50 Seiten, 13 Abb., 2 Tabellen, DM 9,80

HEFT 116
Prof. Dr.-Ing. E. Siebel und Dr.-Ing. H. Weiss, Stuttgart
Untersuchungen an einigen Problemen des Tiefziehens — I. Teil
1955, 74 Seiten, 50 Abb., 5 Tabellen, DM 14,50

HEFT 117
Dr.-Ing. H. Beißwänger, Stuttgart, und Dr.-Ing. S. Schwandt, Trier
Untersuchungen an einigen Problemen des Tiefziehens — II. Teil
1955, 92 Seiten, 34 Abb., 8 Tabellen, DM 17,70

HEFT 118
Prof. Dr. E. A. Müller und Dr. H. G. Wenzel, Dortmund
Neuartige Klima-Anlage zur Erzeugung ungleicher Luft- und Strahlungstemperaturen in einem Versuchsraum
1955, 68 Seiten, 10 z. T. mehrfarb. Abb., DM 14,—

HEFT 119
Dr.-Ing. O. Viertel, Krefeld
Wäscherei- und energietechnische Untersuchung einer Gemeinschafts-Waschanlage
1955, 50 Seiten, 18 Abb., DM 10,20

HEFT 120
Dipl.-Ing. A. Weisbecker, Lüdenscheid
Über Anfressung an Reinstaluminium-Schweißnähten bei der elektrolytischen Oxydation
Gebr. Hörstermann GmbH., Velbert
Entwicklung und Erprobung eines neuartigen Gummibandförderers
1955, 46 Seiten, 18 Abb., DM 9,70

HEFT 121
Dr. H. Krebs, Bonn
I. Die Struktur und die Eigenschaften der Halbmetalle
II. Die Bestimmung der Atomverteilung in amorphen Substanzen
III. Die chemische Bindung in anorganischen Festkörpern und das Entstehen metallischer Eigenschaften
1955, 124 Seiten, 36 Abb., 13 Tabellen, DM 22,90

HEFT 122
Prof. Dr. W. Fuchs, Aachen
Untersuchungen zur Verbesserung der Wasseraufbereitung und Wasseranalyse:
Über die Schnellbewertung von Ionenaustauscher
1955, 62 Seiten, 32 Abb., DM 12,30

HEFT 123
Dipl.-Ing. J. Emondts, Aachen
Über Bodenverformungen bei stark gestörtem und mächtigem, wasserführendem Deckgebirge im Aachener Steinkohlengebiet
1955, 196 Seiten, 37 Abb., 10 Tabellen, DM 28,80

HEFT 124
Prof. Dr. R. Seyffert, Köln
Wege und Kosten der Distribution der Hausratwaren im Lande Nordrhein-Westfalen
1955, 74 Seiten, 25 Tabellen, DM 9,—

WESTDEUTSCHER VERLAG · KÖLN UND OPLADEN

HEFT 125
Prof. Dr. E. Kappler, Münster
Eine neue Methode zur Bestimmung von Kondensations-Koeffizienten von Wasser
1955, 46 Seiten, 11 Abb., 1 Tabelle, DM 9,10

HEFT 126
Prof. Dr.-Ing. J. Mathieu, Aachen
Arbeitszeitvergleich
Grundlagen, Methodik und praktische Durchführung
1955, 70 Seiten, DM 13,—

HEFT 127
Güteschutz Betonstein e. V.,
Arbeitskreis Nordrhein-Westfalen, Dortmund
Die Betonwaren-Gütesicherung im Lande Nordrhein-Westfalen
1955, 58 Seiten, 15 Abb., 3 Tabellen, DM 11,50

HEFT 128
Prof. Dr. O. Schmitz-DuMont, Bonn
Untersuchungen über Reaktionen in flüssigem Ammoniak
1955, 96 Seiten, 11 Abb., 6 Tabellen, DM 17,75

HEFT 129
Prof. Dr.-Ing. J. Mathieu und Dr. C. A. Roos, Aachen
Die Anlernung von Industriearbeitern
I. Ergebnisse einer grundsätzlichen Untersuchung der gegenwärtigen Industriearbeiter-Kurzanlernung
1955, 106 Seiten, DM 19,70

HEFT 130
Prof. Dr.-Ing. J. Mathieu und Dr. C. A. Roos, Aachen
Die Anlernung von Industriearbeitern
II. Beiträge zur Methodenfrage der Kurzanlernung
1955, 108 Seiten, DM 19,90

HEFT 131
Dr. W. Hoerburger, Köln
Versuche zur Biosynthese von Eiweiß aus Kohlenwasserstoff
1955, 34 Seiten, 2 Abb., DM 6,90

HEFT 132
Prof. Dr. W. Seith, Münster
Über Diffusionserscheinungen in festen Metallen
1955, 42 Seiten, 19 Abb., 4 Tabellen, DM 9,10

HEFT 133
Prof. Dr. E. Jenckel, Aachen
Über einen für Schwermetalle selektiven Ionenaustauscher
1955, 48 Seiten, 8 Abb., 13 Tabellen, DM 9,50

HEFT 134
Prof. Dr.-Ing. H. Winterhager, Aachen
Über die elektrochemischen Grundlagen der Schmelzfluß-Elektrolyse von Bleisulfid in geschmolzenen Mischungen mit Bleichlorid
1955, 54 Seiten, 20 Abb., 5 Tabellen, DM 11,80

HEFT 135
Prof. Dr.-Ing. K. Krekeler und Dr.-Ing. H. Peukert, Aachen
Die Änderung der mechanischen Eigenschaften thermoplastischer Kunststoffe durch Warmrecken
1955, 54 Seiten, 27 Abb., DM 11,10

HEFT 136
Dipl.-Phys. P. Pilz, Remscheid
Über spezielle Probleme der Zerkleinerungstechnik von Weichstoffen
1955, 58 Seiten, 19 Abb., 2 Tabellen, DM 11,50

HEFT 137
Prof. Dr. W. Baumeister, Münster
Beiträge zur Mineralstoffernährung der Pflanzen
1955, 64 Seiten, 6 Tabellen, DM 11,80

HEFT 138
Dr. P. Hölemann und Ing. R. Hasselmann, Dortmund
Untersuchungen über die Zersetzungswärme von gasförmigem und in Azeton gelöstem Azetylen
1955, 54 Seiten, 8 Abb., 7 Tabellen, DM 10,40

HEFT 139
Prof. Dr. W. Fuchs, Aachen
Studien über die thermische Zersetzung der Kohle und die Kohlendestillatprodukte
1955, 64 Seiten, 20 Abb., 22 Tabellen, DM 11,80

HEFT 140
Dr.-Ing. G. Hausberg, Essen
Modellversuche an Zyklonen
1955, 78 Seiten, 24 Abb., DM 15,70

HEFT 141
Dr. J. van Calker und Dr. R. Wienecke, Münster
Untersuchungen über den Einfluß dritter Analysenpartner auf die spektrochemische Analyse
1955, 42 Seiten, 15 Abb., DM 9,10

HEFT 142
Dipl.-Ing. G. M. F. Wiebel, Hannover, A. Konermann und A. Ottenheym, Sennelager
Entwicklung eines Kalksandleichtsteines
1955, 38 Seiten, 4 Abb., DM 8,—

HEFT 143
Prof. Dr. F. Wever, Dr. A. Rose und Dipl.-Ing. W. Straßburg, Düsseldorf
Härtbarkeit und Umwandlungsverhalten der Stähle
1955, 50 Seiten, 12 Abb., 3 Tabellen, DM 10,70

HEFT 144
Prof. Dr. H. Wurmbach, Bonn
Steuerung von Wachstum und Formbildung
1955, 48 Seiten, 19 Abb., DM 10,30

HEFT 145
Dr. G. Hennemann, Werdohl (Westf.)
Beitrag zur Interpretation der modernen Atomphysik
1955, 34 Seiten, DM 10,—

HEFT 146
Dr.-Ing. F. Gruß, Düsseldorf
Sterilisation mit Heißluft
1955, 34 Seiten, 10 Abb., DM 7,70

HEFT 147
Dr.-Ing. W. Rudisch, Unna
Untersuchung einer drehelastischen Elektromagnet-Synchronkupplung
1955, 82 Seiten, 65 Abb., DM 17,70

HEFT 148
Prof. Dr. H. Bittel u. Dipl.-Phys. L. Storm, Münster
Untersuchungen über Widerstandsrauschen
1955, 40 Seiten, 5 Abb., DM 8,40

HEFT 149
Dipl.-Ing. K. Konopicky und Dipl.-Chem. P. Kampa, Bonn
I. Beitrag zur flammenphotometrischen Bestimmung des Calciums.
Dipl.-Ing. K. Konopicky, Bonn
II. Die Wanderung von Schlackenbestandteilen in feuerfesten Baustoffen
1955, 54 Seiten, 10 Abb., 5 Tabellen, DM 11,—

HEFT 150
Prof. Dr.-Ing. O. Kienzle und Dipl.-Ing. W. Timmerbeil, Hannover
Das Durchziehen enger Kragen an ebenen Fein- und Mittelblechen
1955, 52 Seiten, 20 Abb., 8 Tabellen, DM 11,30

HEFT 151
Dipl.-Ing. P. Karabasch, Aachen
Feststellung des optimalen Gasgehaltes von Bronzen zur Erzielung druckdichter Gußstücke
1956, 64 Seiten, 31 Abb., 5 Tabellen, DM 13,90

HEFT 152
Dipl.-Ing. G. Müller, Köln
Ermittlung der Laufeigenschaften (Vergießbarkeit) von Bronze und Rotguß mittels der Schneider-Gießspirale
1955, 60 Seiten, 33 Abb., DM 13,30

HEFT 153
Prof. Dr. F. Wever, Dr.-Ing. W. A. Fischer und Dipl.-Ing. J. Engelbrecht, Düsseldorf
I. Die Reduktion sauerstoffhaltiger Eisenschmelzen im Hochvakuum mit Wasserstoff und Kohlenstoff
II. Einfluß geringer Sauerstoffgehalte auf das Gefüge und Alterungsverhalten von Reineisen
1955, 54 Seiten, 15 Abb., 2 Tabellen, DM 12,40

HEFT 154
Prof. Dr.-Ing. P. Bardenheuer und Dr.-Ing. W. A. Fischer, Düsseldorf
Die Verschlackung von Titan aus Stahlschmelzen im sauren und basischen Hochfrequenzofen unter verschiedenen Schlacken
1955, 36 Seiten, 10 Abb., 1 Tabelle, DM 7,95

HEFT 155
Dipl.-Phys. K. H. Schirmer, München
Die auf Grau abgestimmte Farbwiedergabe im Dreifarbenbuchdruck
1955, 46 Seiten, 17 Abb., 2 Farbtafeln, DM 10,—

HEFT 156
Prof. Dr.-Ing. B. von Borries und Mitarbeiter, Düsseldorf
Die Entwicklung regelbarer permanentmagnetischer Elektronenlinsen hoher Brechkraft und eines mit ihnen ausgerüsteten Elektronenmikroskopes neuer Bauart
1956, 102 Seiten, 52 Abb., DM 22,55

HEFT 157
Dr. W. Jawtusch, Dr. G. Schuster und Prof. Dr.-Ing. R. Jaeckel, Bonn
Untersuchungen über die Stoßvorgänge zwischen neutralen Atomen und Molekülen
1955, 48 Seiten, 15 Abb., 3 Tabellen, DM 10,50

HEFT 158
Dipl.-Ing. W. Rosenkranz, Meinerzhagen
Ein Beitrag zum Problem der Spannungskorrosion bei Preßprofilen und Preßteilen aus Aluminium-Legierungen
1956, 112 Seiten, 61 Abb., 5 Tabellen, DM 27,40

HEFT 159
Dr.-Ing. O. Viertel und O. Oldenroth, Krefeld
Das Bleichen von Weißwäsche mit Wasserstoffsuperoxyd bzw. Natriumhypochlorit beim maschinellen Waschen
1955, 54 Seiten, 23 Abb., 2 Tabellen, DM 11,45

HEFT 160
Prof. Dr. W. Klemm, Münster
Über neue Sauerstoff- und Fluor-haltige Komplexe
1955, 50 Seiten, 13 Abb., 7 Tabellen, DM 10,80

HEFT 161
Prof. Dr. W. Weltzien und Dr. G. Hauschild, Krefeld
Über Silikone und ihre Anwendung in der Textilveredlung
1955, 162 Seiten, 22 Abb., 10 Tabellen, DM 27,—

HEFT 162
Prof. Dr. F. Wever, Prof. Dr. A. Kochendörfer und Dipl.-Ing. Chr. Rohrbach, Düsseldorf
Kennzeichnung der Sprödbruchneigung von Stählen durch Messung der Fließspannung, Reißspannung und Brucheinschnürung an dreiachsig beanspruchten Proben
1955, 58 Seiten, 26 Abb., DM 13,—

HEFT 163
Dipl.-Ing. W. Rohs und Text.-Ing. H. Griese, Bielefeld
Untersuchungsarbeiten zur Verbesserung des Leinenwebstuhls III
1955, 80 Seiten, 15 Abb., 18 Tabellen, DM 15,80

HEFT 164
Dr.-Ing. H. Schmachtenberg, Köln
Neuartige Prüfeinrichtungen für Kraftfahrzeuge
1955, 44 Seiten, 23 Abb., DM 9,60

HEFT 165
Dr.-Ing. W. Wilhelm, Aachen
Instationäre Gasströmung im Auspuffsystem eines Zweitaktmotors
1955, 62 Seiten, 31 Abb., 8 Tabellen, DM 13,60

HEFT 166
Prof. Dr. M. v. Stackelberg, Dr. H. Heindze, Dr. H. Hübschke und Dr. K. H. Frangen, Bonn
Kolloidchemische Untersuchungen
1955, 106 Seiten, 8 Abb., 13 Tabellen, DM 21,25

HEFT 167
Prof. Dr.-Ing. F. Schuster, Essen
I. Über die Heißkarburierung von Brenngasen mit Ölen und Teeren
II. Die Strahlungsvorgänge in brennstoffbeheizten Öfen bei verschiedenen Verbrennungsatmosphären
1955, 38 Seiten, 8 Abb., DM 8,30

HEFT 168
Prof. Dr.-Ing. F. Schuster, Essen
I. Luftvorwärmung an Gasfeuerungen
II. Heizwerthöhe von Brenngasen und Wirkungsgrad sowie Gasverbrauch bei der Gasverwendung
III. Sauerstoffangereicherte Luft und feuerungstechnische Kenngrößen von Brenngasen
1955, 60 Seiten, 18 Abb., DM 12,50

HEFT 169
Forschungsinstitut für Pigmente und Lacke, Stuttgart
Arbeiten über die Bestimmung des Gebrauchswertes von Lackfilmen durch physikalische Prüfungen
1955, 70 Seiten, 23 Abb., 4 Tabellen, DM 15,—

HEFT 170
Prof. Dr. F. Wever, Dr. A. Rose und Dipl.-Ing. L. Rademacher, Düsseldorf
Anwendung der Umwandlungsschaubilder auf Fragen der Werkstoffauswahl beim Schweißen und Flammhärten
1955, 64 Seiten, 25 Abb., DM 13,70

WESTDEUTSCHER VERLAG · KÖLN UND OPLADEN

HEFT 171
Wäschereiforschung Krefeld
Untersuchung der Wäscheentwässerung mit Hilfe von Zentrifugen und Pressen
1955, 42 Seiten, 16 Abb., 4 Tabellen, DM 9,70

HEFT 172
Dipl.-Ing. W. Rohs, Dr.-Ing. G. Satlow und Text.-Ing. G. Heller, Bielefeld
Trocknung von Hanfgarnen. Kreuzspultrocknung
1955, 60 Seiten, 7 Abb., 4 Tabellen, DM 10,30

HEFT 173
Prof. Dr. R. Hosemann und Dipl.-Phys. G. Schoknecht, Berlin, vorgelegt von Prof. Dr. W. Kast, Krefeld
Lichtoptische Herstellung und Diskussion der Faltungsquadrate parakristalliner Gitter
1956, 108 Seiten, 63 Abb., 6 Tabellen, DM 24,70

HEFT 174
Prof. Dr. W. von Fragstein, Dr. J. Meingast und H. Hoch, Köln
Herstellung von Solen einheitlicher Teilchengröße und Ermittlung ihrer optischen Eigenschaften
1955, 78 Seiten, 80 Abb., 4 Tabellen, DM 18,25

HEFT 175
Dr.-Ing. H. Zeller, Aachen
Beitrag zur eindimensionalen stationären und nichtstationären Gasströmung mit Reibung und Wärmeleitung insbesondere in Rohren mit unstetigen Querschnittsänderungen
1956, 138 Seiten, 56 Abb., DM 29,30

HEFT 176
Dipl.-Ing. H. Schöberl, Duisburg
Über die Methoden zur Ermittlung der Verbrennungstemperatur von Brennstoffen und ein Vorschlag zu ihrer Verbesserung
1955, 30 Seiten, 3 Abb., DM 6,50

HEFT 177
Dipl.-Ing. H. Stüdemann, Solingen, und Dr.-Ing. W. Müchler, Essen
Entwicklung eines Verfahrens zur zahlenmäßigen Bestimmung der Schneideigenschaften von Messerklingen
1956, 104 Seiten, 68 Abb., 4 Tabellen, DM 22,20

HEFT 178
Prof. Dr. M. von Stackelberg u. Dr. W. Hans, Bonn
Untersuchungen zur Ausarbeitung und Verbesserung von polarographischen Analysenmethoden
1955, 46 Seiten, 14 Abb., DM 10,50

HEFT 179
Dipl.-Ing. H. F. Reineke, Bochum
Entwicklungsarbeiten auf dem Gebiete der Meß- und Regeltechnik
1955, 46 Seiten, 10 Abb., DM 10,—

HEFT 180
Dr.-Ing. W. Piepenburg, Dipl.-Ing. B. Bühling und Bauing. J. Behnke, Köln
Putzarbeiten im Hochbau und Versuche mit aktiviertem Mörtel und mechanischem Mörtelauftrag
1955, 116 Seiten, 31 Abb., 68 Tabellen, DM 23,—

HEFT 181
Prof. Dr. W. Franz, Münster
Theorie der elektrischen Leitvorgänge in Halbleitern und isolierenden Festkörpern bei hohen elektrischen Feldern
1955, 28 Seiten, 2 Abb., 1 Tabelle, DM 6,20

HEFT 182
Dr.-Ing. P. Schenk u. Dr. K. Osterloh, Düsseldorf
Katalytisch-thermische Spaltung von gasförmigen und flüssigen Kohlenwasserstoffen zur Spitzengaserzeugung
1955, 50 Seiten, 11 Abb., 11 Tabellen, DM 10,90

HEFT 183
Dr. W. Bornheim, Köln
Entwicklungsarbeiten an Flaschen- und Ampullen-Behandlungsmaschinen für die pharmazeutische Industrie
1956, 48 Seiten, 24 Abb., DM 11,70

HEFT 184
Dr.-Ing. E. Printz, Kettwig
Vollhydraulische Parallel-Kupplung für Ackerschlepper
1955, 32 Seiten, 4 Abb., DM 7,80

HEFT 185
Dipl.-Ing. W. Rohs und Text.-Ing. G. Heller, Bielefeld
Studien an einem neuzeitlichen Kreuzspultrockner für Bastfasergarne mit Wiederbefeuchtungszone
1955, 52 Seiten, 9 Abb., 3 Tabellen, DM 10,70

HEFT 186
Dr. E. Wedekind, Krefeld
Untersuchungen zur Arbeitsbestgestaltung bei der Fertigstellung von Oberhemden in gewerblichen Wäschereien
1955, 124 Seiten, 28 Abb., 6 Tabellen, 2 Falttaf., DM 12,—

HEFT 187
Dipl.-Ing. F. Göttgens, Essen
Über die Eigenarten der Bimetall-, Thermo- und Flammenionisationssicherungsmethode in ihrer Anwendung auf Zündsicherungen
1955, 40 Seiten, 6 Abb., 4 Tabellen, DM 8,40

HEFT 188
W. Kinnebrock, Langenberg (Rhld.)
Der Einfluß des Austausches gleicher Gaskochbrenner bzw. Gaskochbrennerteile auf den Wirkungsgrad und insbesondere auf den CO-Gehalt der Verbrennungsgase
1955, 42 Seiten, 7 Tabellen, DM 8,70

HEFT 189
Fa. E. Leybold's Nachfolger, Köln
I. Ausgewählte Kapitel aus der Vakuumtechnik
II. Vom Verlust anorganisch-nichtflüchtiger Substanzen während der Gefriertrocknung
1955, 52 Seiten, 16 Abb., 3 Tabellen, DM 11,20

HEFT 190
Prof. Dr. A. Neuhaus, Prof. Dr. O. Schmitz-DuMont und Dipl.-Chem. H. Reckhard, Bonn
Zur Kenntnis der Alkalititanate
1955, 60 Seiten, 13 Abb., 1 Tabelle, DM 12,20

HEFT 191
Dr. H. Söhngen, Darmstadt
Schwingungsverhalten eines Schaufelkranzes im Vakuum
1955, 36 Seiten, 7 Abb., DM 7,80

HEFT 192
Dipl.-Phys. E. M. Schneider, München
Kohlebogenlampen für Aufnahme und Kopie
1955, 48 Seiten, 21 Abb., 3 Tabellen, DM 10,60

HEFT 193
Prof. Dr. O. Schmitz-DuMont, Bonn
Untersuchungen über neue Pigmentfarbstoffe
1956, 50 Seiten, 16 Abb., 8 Tabellen, DM 11,20

HEFT 194
Dr. K. Hecht, Köln
Entwicklung neuartiger physikalischer Unterrichtsgeräte
1955, 42 Seiten, 16 Abb., DM 9,90

HEFT 195
Dr.-Ing. E. Rößger, Köln
Gedanken über einen neuen deutschen Luftverkehr
1955, 342 Seiten, 29 Abb., 122 Tabellen, DM 50,—

HEFT 196
Dipl.-Ing. W. Rohs, und Text.-Ing. H. Griese, Bielefeld
Auswirkungen von Garnfehlern bei der Verarbeitung von Leinengarnen
1955, 36 Seiten, 3 Abb., 6 Tabellen, DM 7,80

HEFT 197
Dr. E. Wedekind, Krefeld
Untersuchungen zur Bestimmung der optimalen Arbeitsplatzgröße bei Mehrstuhlarbeit in der Weberei
1955, 92 Seiten, 34 Abb., 18,50

HEFT 198
Prof. Dr. J. Weissinger, Karlsruhe
Zur Aerodynamik des Ringflügels. Die Druckverteilung dünner, fast drehsymmetrischer Flügel in Unterschallströmung
1955, 42 Seiten, 5 Abb., DM 9,—

HEFT 199
Textilforschungsanstalt Krefeld
Die Messung von Gewebetemperaturen mittels Temperaturstrahlung
1955, 50 Seiten, 12 Abb., DM 10,90

HEFT 200
R. Seipenbusch, Langenberg (Rhld.)
Spitzengas durch Zusatz von Flüssiggas-Wassergas- und Flüssiggas-Generatorgas-Gemischen zu Stadtgas
1955, 48 Seiten, 21 Tabellen, DM 10,35

HEFT 201
Dr.-Ing. E. W. Pleines, Frankfurt/Main
Die Sicherheit im Luftverkehr
1956, 194 Seiten, 39 Abb., 19 Tabellen, DM 39,45

HEFT 202
Dipl.-Ing. D. Fiecke, Stuttgart/Zuffenhausen
Die Bestimmung der Flugzeugpolaren für Entwurfszwecke. I. Teil: Unterlagen
in Vorbereitung

HEFT 203
Dr. G. Wandel, Bonn
Uferbewachsung und Lebendverbauung an den Nordwestdeutschen Kanälen und ihren Zuflüssen sowie an der Ruhr
in Vorbereitung

HEFT 204
Dipl.-Ing. B. Naendorf, Langenberg (Rhld.)
Bestimmung der Brenneigenschaften und des Brennverhaltens verschiedener Gasarten und Einfluß verschiedener Düsengestaltung
1955, 32 Seiten, DM 7,10

HEFT 205
Dr. C. Schaarwächter, Düsseldorf
Über plastische Kupfer-Eisen-Phosphor-Legierungen
1956, 36 Seiten, 10 Abb., 10 Tabellen, DM 8,30

HEFT 206
Dr. P. Hölemann, Ing. R. Hasselmann und Ing. G. Dix, Dortmund
Untersuchungen über die Vorgänge bei der Zersetzung von in Azeton gelöstem Azetylen
1956, 74 Seiten, 7 Abb., 7 Tabellen, DM 15,55

HEFT 207
Prof. Dr.-Ing. H. Opitz, Dipl.-Ing. K. H. Fröhlich und Dipl.-Ing. H. Siebel, Aachen
Richtwerte für das Fräsen von unlegierten und legierten Baustählen mit Hartmetall. I. Teil
in Vorbereitung

HEFT 208
Prof. Dr.-Ing. H. Müller, Essen
Untersuchung von Elektrowärmegeräten für Laienbedienung hinsichtlich Sicherheit und Gebrauchsfähigkeit. I. Untersuchungen an Kochplatten
in Vorbereitung

HEFT 209
Dr. K. Bunge, Leverkusen
Materialabbau in Funkenentladungen. Untersuchungen an Zinkkathoden
1956, 54 Seiten, 10 Abb., 5 Tabellen, DM 11,40

HEFT 210
Dr. W. Porschen und Prof. Dr. W. Riezler, Bonn
Langlebige Alphaaktivitäten bei natürlichen Elementen
1955, 40 Seiten, 5 Abb., 4 Tabellen, DM 8,80

HEFT 211
Prof. Dipl.-Ing. W. Sturtzel und Dr.-Ing. W. Graff, Duisburg
Die Versuchsanstalt für Binnenschiffbau, Duisburg
1956, 48 Seiten, 22 Abb., DM 11,—

HEFT 212
Dipl.-Ing. H. Spodig, Selm
Untersuchungen zur Anwendung der Dauermagnete in der Technik
1955, 44 Seiten, 25 Abb., DM 9,80

HEFT 213
Dipl.-Ing. K. F. Rittinghaus, Aachen
Zusammenstellung eines Meßwagens für Bau- und Raumakustik
in Vorbereitung

HEFT 214
Dr.-Ing. J. Endres, München
Berechnung der optimalen Leistungen, Kraftstoffverbräuche und Wirkungsgrade von Einkreis-Turbolader-Strahltriebwerken am Boden und in der Höhe bei Fluggeschwindigkeiten von 0—2000 km/h
1956, 72 Seiten, 18 Abb., 8 Tabellen, DM 15,40

HEFT 215
Prof. Dr.-Ing. H. Opitz und Dipl.-Ing. G. Weber, Aachen
Einfluß der Wärmebehandlung von Baustählen auf Spanentstehung, Schnittkraft- und Standzeitverhalten
in Vorbereitung

HEFT 216
Dr. E. Kloth, Köln
Untersuchungen über die Ausbreitung kurzer Schallimpulse bei der Materialprüfung mit Ultraschall
1956, 90 Seiten, 60 Abb., 4 Tabellen, DM 19,40

HEFT 217
Rationalisierungskuratorium der Deutschen Wirtschaft (RKW), Frankfurt/Main
Typenvielzahl bei Haushaltgeräten und Möglichkeiten einer Beschränkung
1956, 328 Seiten, 2 Abb., 181 Tabellen, DM 49,50

HEFT 218
Dr. F. Keune, Aachen
Bericht über eine Theorie der Strömung um Rotationskörper ohne Anstellung bei Machzahl Eins
1955, 40 Seiten, 8 Abb., 5 Formelblätter, DM 8,80

HEFT 219
Prof. Dr. W. Fuchs, Aachen
Untersuchungen zur Holzabfallverwertung und zur Chemie des Lignins
1955, 54 Seiten, 11 Abb., 15 Tabellen, DM 11,40

WESTDEUTSCHER VERLAG · KÖLN UND OPLADEN

HEFT 220
Prof. Dr. W. Fuchs, Aachen
Die Entwicklung neuer Regel- und Kontroll-Apparate zur coulometrischen Analyse
1956, 76 Seiten, 17 Abb., 23 Tabellen, DM 15,50

HEFT 221
Dr. W. Meyer-Eppler, Bonn
Experimentelle Untersuchungen zum Mechanismus von Stimme und Gehör in der lautsprachlichen Kommunikation
1955, 56 Seiten, 24 Abb., DM 13,45

HEFT 222
Dr. L. Köllner, Münster, und Dipl.-Volkswirt M. Kaiser, Bochum
Die internationale Wettbewerbsfähigkeit der westdeutschen Wollindustrie
1956, 214 Seiten, DM 39,50

HEFT 223
Dr.-Ing. K. Alberti und Dr. F. Schwarz, Köln
Über das Problem Hartbrand - Weichbrand
1956, 54 Seiten, 25 Abb., 14 Tabellen, DM 12,10

HEFT 224
Dipl.-Ing. H. Stüdeman und Ing. R. Beu, Solingen
Verfahren zur Prüfung der Korrosionsbeständigkeit von Messerklingen aus rostfreiem Stahl
1956, 82 Seiten, 28 Abb., DM 16,90

HEFT 225
Dr.-Ing. E. Barz, Remscheid
Der Spannungszustand von Gattersägeblättern
in Vorbereitung

HEFT 226
Technisch-wissenschaftliches Büro für die Bastfaserindustrie, Bielefeld
Untersuchungen zur Verbesserung des Leinenwebstuhles IV
Die Wirkung verschiedener Kettbaumbremsen auf die Verwebung von Leinengarnen
1956, 64 Seiten, 9 Abb., 4 Tabellen, DM 13,50

HEFT 227
Prof. Dr. F. Wever, Düsseldorf und Dr. W. Wepner, Köln
Untersuchung der Alterungsneigung von weichen unlegierten Stählen durch Härteprüfung bei Temperaturen bis 300 Grad C
1956, 34 Seiten, 20 Abb., 3 Tabellen, DM 7,95

HEFT 228
Prof. Dr. F. Wever, Dr. W. Koch, Düsseldorf und Dr. B. A. Steinkopf, Dortmund
Spektrochemische Grundlagen der Analyse von Gemischen aus Kohlenmonoxyd, Wasserstoff und Stickstoff
in Vorbereitung

HEFT 229
Prof. Dr. F. Wever, Dr. W. Koch und Dr.-Ing. H. Malissa, Düsseldorf
Über die Anwendung disubstituierter Dithiocarbamate der analytischen Chemie
1956, 44 Seiten, 30 Abb., 5 Tabellen, DM 10,50

HEFT 230
Prof. Dr. F. Wever, Düsseldorf und Dr. W. Wepner, Köln
Bestimmung kleiner Kohlenstoffgehalte im Alpha-Eisen durch Dämpfungsmessung
1956, 34 Seiten, 5 Abb., 2 Tabellen, DM 7,70

HEFT 231
Dr.-Ing. W. Küch, Dortmund
Über die Wechselwirkung zwischen Holzschutzbehandlung und Verleimung
1956, 48 Seiten, 10 Abb., 8 Tabellen, DM 10,40

HEFT 232
Prof. Dr.-Ing. O. Kienzle, Hannover und Dr.-Ing. H. Münnich, Schweinfurt
Feststellung der Spannungen und Dehnungen und Bruchdrehzahlen der unter Fliehkraft und Bearbeitungskraft beanspruchten Schleifkörper
in Vorbereitung

HEFT 233
Dr. H. Haase, Hamburg
Infrarot-Bibliographie
1956, 90 Seiten, DM 17,80

HEFT 234
Dr.-Ing. K. G. Speith und Dr.-Ing. A. Bungeroth, Duisburg
Versuche zur Steigerung des Kokillen-Schluckvermögens beim Stranggießen von Stahl
1956, 26 Seiten, 5 Abb., DM 6,15

HEFT 235
Prof. Dr.-Ing. K. Leist und Dipl.-Ing. W. Dettmering, Aachen
Turbinenschaufeln aus Kunststoff für Kaltluftversuchsanlagen
1956, 46 Seiten, 43 Abb., 3 Tabellen, DM 12,30

HEFT 236
Dr.-Ing. O. Viertel und S. Lucas, Krefeld
Ergebnisse einer Hausfrauenbefragung über Wascheinrichtungen und Waschmethoden in städtischen Haushaltungen
1956, 34 Seiten, 4 Abb., DM 7,60

HEFT 237
Dr. P. Endler und Dr. H. Ludes, Köln
Bericht über eine Studienreise zur Orientierung der heutigen Behandlung der Lungentuberkulose in den Vereinigten Staaten von Nordamerika
1956, 32 Seiten, DM 7,10

HEFT 238
Institut für textile Meßtechnik, M.-Gladbach, e. V.
Untersuchung der Verzugsvorgänge an den Streckwerken verschiedener Spinnereimaschinen. 3. Bericht: Theoretische Betrachtungen über den Einfluß schlagender Zylinder und Druckrollen
in Vorbereitung

HEFT 239
Prof. Dr.-Ing. K. Leist und Dipl.-Ing. H. Scheele, Aachen und Dipl.-Ing. F. H. Flottmann, Herne
Versuche an einem neuartigen luftgekühlten Hochleistungs-Kolbenkompressor
in Vorbereitung

HEFT 240
Prof. Dr.-Ing. K. Leist und Dipl.-Ing. H. Scheele, Aachen
Temperaturmessungen an einem einstufigen luftgekühlten 4-Zylinder-Kolbenkompressor mit Kühlgebläse
in Vorbereitung

HEFT 241
Prof. Dr.-Ing. K. Leist und Dipl.-Ing. M. Pötke, Aachen
Leistungsversuche an einem Kühlluftgebläse
in Vorbereitung

HEFT 242
Prof. Dr.-Ing. K. Leist und Dipl.-Ing. K. Graf, Aachen
Straßenfahrzeuge mit Gasturbinenantrieb
in Vorbereitung

HEFT 243
Prof. Dr.-Ing. K. Leist und Dipl.-Ing. S. Förster, Aachen
Die französische Kleingasturbine Artouste — 1. Teil
in Vorbereitung

HEFT 244
Prof. Dr. F. Wever, Dr. W. Koch und Dr. S. Eckhard, Düsseldorf
Erfahrungen mit der spektrochemischen Analyse von Gefügebestandteilen des Stahles
1956, 32 Seiten, 8 Abb., 2 Tabellen, DM 7,80

HEFT 245
Prof. Dr.-Ing. K. Krekeler, Aachen
Das Verbinden von Metallen durch Kunstharzkleber. Teil I: Eigenschaften und Verwendung der Metallklebstoffe
1956, 48 Seiten, 8 Abb., DM 10,25

HEFT 246
Prof. Dr.-Ing. K. Krekeler, Aachen
Das Verbinden von Metallen durch Kunstharzkleber. Teil II: Untersuchungen an geklebten Leichtmetall-Verbindungen
in Vorbereitung

HEFT 247
Dr. H. Söhngen, Darmstadt
Strömung vor einem Überschall-Laufrad
1956, 26 Seiten, 4 Abb., DM 7,60

HEFT 248
Rheinische Aktiengesellschaft für Braunkohlenbergbau und Brikettfabrikation, Köln
Untersuchung der Bindemitteleigenschaften von Braunkohlenfilteraschen
in Vorbereitung

HEFT 249
Dr. M.-E. Meffert, Essen
Weitere Kulturversuche Scenedesmus obliquus
1956, 36 Seiten, 5 Abb., 10 Tabellen, DM 8,—

HEFT 250
Dr. F. Schwarz und Dr.-Ing. K. Alberti, Köln
Entwicklung von Untersuchungsverfahren zur Gütebeurteilung von Industriekalken
in Vorbereitung

HEFT 251
Prof. Dr. H. Bittel, Münster
Zur Statistik der ferromagnetischen Elementarvorgänge und ihren Einfluß auf das Barkhausenrauschen

HEFT 252
Dipl.-Ing. H. Frings, Geilenkirchen
Die Wirkung abfallender Wetterführung auf Wettertemperatur, Grubengasgehalt und Staubbildung
in Vorbereitung

HEFT 253
Dipl.-Ing. S. Schirmanski, Berghausen
Stand und Auswertung der Forschungsarbeiten über Temperatur- und Feuchtigkeitsgrenzen bei der bergmännischen Arbeit
in Vorbereitung

HEFT 254
Prof. Dr. R. Danneel, Bonn
Quantitative Untersuchungen über die Entwicklung des Ehrlich-Ascitesturmos bei Inzuchtmäusen
in Vorbereitung

HEFT 255
Ing. B. v. Schlippe, Bad Nauheim
Strömung von Flüssigkeiten mit temperaturabhängiger Zähigkeit (Kühlung von Ölen)
1956, 54 Seiten, 12 Abb., 4 Tabellen, DM 11,70

HEFT 256
Prof. Dr. C. Schmieden und Dipl.-Math. K. H. Müller, Darmstadt
Die Strömung einer Quellstrecke im Halbraum — eine strenge Lösung der Navier-Stokes-Gleichungen
1956, 40 Seiten, 9 Abb., DM 8,80

HEFT 257
Prof. Dr. G. Lehmann und Dr. J. Tamm, Dortmund
Die Beeinflussung vegetativer Funktionen des Menschen durch Geräusche
in Vorbereitung

HEFT 258
Dr. H. Paul, Linz (Rhein) und Prof. Dr. O. Graf, Dortmund
Zur Frage der Unfälle im Bergbau
1956, 52 Seiten, 9 Abb., 22 Tabellen, DM 11,20

HEFT 259
Prof. Dr. W. Linke, Aachen
Strömungsvorgänge in künstlich belüfteten Räumen
1956, 52 Seiten, 37 Abb., 1 Tabelle, DM 11,80

HEFT 260
Prof. Dr. W. Kast, Freiburg (Br.), Prof. Dr. A. H. Stuart und Dipl.-Phys. H. G. Fendler, Hannover
Lichtzerstreuungsmessungen an Lösungen hochpolymerer Stoffe
in Vorbereitung

HEFT 261
Prof. Dr. W. Kast, Freiburg (Br.)
Feinstruktur-Untersuchungen an künstlichen Zellulosefasern verschiedener Herstellungsverfahren. Teil II: Der Kristallisationszustand
in Vorbereitung

HEFT 262
Dr.-Ing. W. Batel, Aachen
Untersuchungen zur Absiebung feuchter, feinkörniger Haufwerke und Schwingsieben
in Vorbereitung

HEFT 263
Prof. Dr. H. Lange und Dipl.-Phys. R. Kohlhaas, Köln
Über die Wärmeleitfähigkeit von Stählen bei hohen Temperaturen: Teil I: Literaturbericht
in Vorbereitung

HEFT 264
Prof. Dr. W. Weizel, Bonn
Durch schnelle Funkenzusammenbrüche ausgelöste Signale auf einer Leitung
1956, 26 Seiten, 4 Abb., 3 Tabellen, DM 6,10

HEFT 265
Prof. Dr. F. Micheel und Dr. R. Engel, Münster
Eine Apparatur zur elektrophoretischen Trennung von Stoffgemischen
in Vorbereitung

HEFT 266
Fliesen-Beratungsstelle Bad Godesberg-Mehlem
Güteeigenschaften keramischer Wand- und Bodenfliesen und deren Prüfmethoden
1956, 32 Seiten, DM 7,10

HEFT 267
Prof. Dr. W. Weizel und B. Brandt, Bonn
Zur Stabilität stromstarker Glimmentladungen
1956, 36 Seiten, 7 Abb., DM 8,40

HEFT 268
Prof. Dr.-Ing. G. Vogelpohl, Göttingen
Über die Tragfähigkeit von Gleitlagern und ihre Berechnung
in Vorbereitung

WESTDEUTSCHER VERLAG · KÖLN UND OPLADEN

HEFT 269
Markscheider R. Bals, Bochum
Eignung des Gebirgsankerausbaus zur Erleichterung des Streckenvortriebs im Steinkohlenbergbau
in Vorbereitung

HEFT 270
Dr. H. Krebs und Mitarbeiter, Bonn
Die Trennung von Racematen auf chromatographischem Wege
in Vorbereitung

HEFT 271
Prof. Dr.-Ing. H. Opitz und Dipl.-Ing. H. Axer, Aachen
Beeinflussung des Verschleißverhaltens bei spanenden Werkzeugen durch flüssige und gasförmige Kühlmittel und elektrische Maßnahmen
in Vorbereitung

HEFT 272
Prof. Dr. W. Fuchs und Dr. H. Dresia, Aachen
Untersuchungen über die Schnellverbrennung und Schnellvergasung fester Brennstoffe
in Vorbereitung

HEFT 273
Fa. K. W. Tacke G.m.b.H., Wuppertal-Barmen
Erfahrungen beim Verspinnen von Perlonfasern und bei der Herstellung von Trikotagen aus gesponnenem Perlon
in Vorbereitung

HEFT 274
Prof. Dr.-Ing. K. Krekeler und Dipl.-Ing. H. Verhoeven, Aachen
Qualitative Untersuchungen bei Verbindungsschweißungen mittels Lichtbogenschweißautomaten unter Verwendung von Blankdraht und Zugabe von ferromagnetischem Pulver als Umhüllung
in Vorbereitung

HEFT 275
Prof. Dr.-Ing. K. Krekeler und Dipl.-Ing. H. Verhoeven, Aachen
Qualitative Untersuchungen an Punktschweißverbindungen an Tiefzieh- und Aluminiumblechen, die nach dem Argonarc-Punktschweißverfahren hergestellt werden
in Vorbereitung

HEFT 276
Fa. E. Haage, Mülheim (Ruhr)
Entwicklungsarbeiten im Apparatebau für Laboratorien
in Vorbereitung

HEFT 277
Dr.-Ing. W. Müchler, Essen
Untersuchung und zahlenmäßige Bestimmung der Schneideigenschaften von Messern mit besonderer Berücksichtigung rostfreier Messerstähle
in Vorbereitung

HEFT 278
Dipl.-Ing. J. Stelter und Dipl.-Ing. H. Kickert, Aachen
I. Sichtbarmachung von Ultraschallfeldern unter Verwendung photographischer Emulsionsschichten
II. Methode zur Bestimmung der wirklichen Temperaturverhältnisse in Flüssigkeiten während der Beschallung (Nach einer Diplom-Arbeit von H. Schnitzler)
in Vorbereitung

HEFT 279
Dr. F. Keune, Aachen
Der gewölbte und verwundene Tragflügel ohne Dicke in Schallnähe
in Vorbereitung

HEFT 280
Dipl.-Ing. J. Stelter und Dipl.-Ing. E. Pfende, Aachen
Über Störerscheinungen bei Schallgeschwindigkeitsmessungen mittels der Interferometermethode
in Vorbereitung

HEFT 281
Prof. Dr.-Ing. K. Lürenbaum, Aachen
Der Meßwagen des Instituts für Maschinen-Dynamik der Deutschen Versuchsanstalt für Luftfahrt, Aachen
in Vorbereitung

HEFT 282
Bergrat a. D. Scherer, Bochum
Das B.T.-Schwelverfahren und seine Anwendung auf der Anlage Marienau
in Vorbereitung

HEFT 283
Prof. Dr. F. Wever und Dr.-Ing. W. Lueg, Düsseldorf
Warmstauchversuche zur Ermittlung der Formänderungsfestigkeit von Gesenkschmiede-Stählen

HEFT 284
Prof. Dr. F. Wever, Düsseldorf, Dr.-Ing. H. J. Wiester, Essen, Dr.-Ing. F. W. Straßburg, Duisburg, Prof. Dr.-Ing. H. Opitz, Aachen, und Dr.-Ing. K. H. Fröhlich, Köln
Einfluß des Gefüges auf die Zerspanbarkeit von Einsatz- und Vergütungsstählen
in Vorbereitung

HEFT 285
Prof. Dr.-Ing. O. Kienzle, Dr.-Ing. K. Lange, Hannover, und Dipl.-Ing. H. Meinert, Osterode
Einfluß der Oberfläche auf das Verschleißverhalten von Schmiedegesenken
in Vorbereitung

HEFT 286
Dr.-Ing. K. Lange, Hannover, Dipl.-Ing. H. Meinert, Osterode, unter Mitarbeit von Dr.-Ing. H. Arend, Mülheim (Ruhr)
Verschleißverhalten hartverchromter Schmiedegesenke
in Vorbereitung

HEFT 287
Prof. Dr.-Ing. K. Krekeler, Aachen
Änderungen der mechanischen Eigenschaftswerte thermoplastischer Kunststoffe bei Beanspruchung in verschiedenen Medien
in Vorbereitung

HEFT 288
Dr. K. Brücker-Steinkuhl, Düsseldorf
Anwendung mathematisch-statistischer Verfahren in der Industrie
in Vorbereitung

HEFT 289
Prof. Dr.-Ing. H. Winterhager, Aachen
Kombinierter Widerstands- und Lichtbogen-Vakuumofen zur Verarbeitung von Titanschwamm
Prof. Dr. Dr. h. c. R. Schwarz, Aachen
Erforschung neuer Wege zur Darstellung von Titanmetall
in Vorbereitung

HEFT 290
Dr. D. Horstmann, Düsseldorf
I. Der verstärkte Angriff des Zinks auf Eisen im Temperaturgebiet um 500° C
II. Einfluß eines Antimongehaltes auf den Angriff von Zinkschmelzen auf Eisen

HEFT 291
Dr.-Ing. H. J. Wiester und Dr. D. Horstmann, Düsseldorf
Der Angriff eisengesättigter Zinkschmelzen auf silizium- und manganhaltiges Eisen
in Vorbereitung

HEFT 292
Dipl.-Ing. W. Rohs und Text.-Ing. H. Griese, Bielefeld
Webversuche an Leinenwebstühlen mit verbesserter Schaftbewegung
in Vorbereitung

HEFT 293
Prof. J. W. Korte, unter Mitarbeit von Dipl.-Ing. P. A. Mäcke und Dipl.-Ing. W. Leutzbach, Aachen
Die Leistungsfähigkeit von Verkehrsanlagen des motorisierten städtischen Straßenverkehrs
in Vorbereitung

HEFT 294
Dipl.-Ing. B. Naendorf, Essen
Untersuchungen industrieller Gasbrenner
in Vorbereitung

HEFT 295
Prof. Dr.-Ing. H. Opitz und Dipl.-Ing. H. Axer, Aachen
Untersuchung und Weiterentwicklung neuartiger elektrischer Bearbeitungsverfahren
in Vorbereitung

HEFT 296
Prof. Dr.-Ing. H. Opitz, Aachen
I. Untersuchungen an elektronischen Regelantrieben
II. Statistische Untersuchungen zur Ausnutzung von Drehbänken
in Vorbereitung

HEFT 297
Dr. K. Schaarwächter, Düsseldorf
Die Reduktion von Siliziumtetrachlorid im Lichtbogen zur nachfolgenden Silizierung von Eisenblechen

HEFT 298
Prof. Dr.-Ing. E. Oehler, Aachen
Untersuchung von kritischen Drehzahlen, die durch Kreiselmomente verursacht werden

HEFT 299
Dr. J. Fassbender und W. Hoppe, Bonn
Eine photoelektrische Nachlaufeinrichtung für Analogie-Rechenmaschinen
in Vorbereitung

HEFT 300
Prof. Dr. E. Schütz und Privatdozent Dr. H. Caspers, Münster
Tierexperimentelle Untersuchungen über die Alkoholwirkungen auf Erregbarkeit und bioelektrische Spontanaktivität der Hirnrinde
in Vorbereitung

HEFT 301
Prof. Dr. W. Weltzien, Dr. G. Cossmann und P. Diehl, Krefeld
Über die fraktionierte Füllung von Polyamiden (II)
in Vorbereitung

HEFT 302
Prof. Dr.-Ing. W. Wegener und Dipl.-Ing. Willi Zahn, Aachen
Untersuchungen von gesponnenen Garnen auf ihre Gleichmäßigkeit nach verschiedenen Meßmethoden
in Vorbereitung

HEFT 303
Prof. Dr.-Ing. S. Kiesskalt, Aachen
Das Institut der Forschungsgesellschaft Verfahrenstechnik e. V. an der Technischen Hochschule Aachen
in Vorbereitung

HEFT 304
Prof. Dr.-Ing. K. Krekeler, Düsseldorf, und Dipl.-Ing. A. Kleine-Albers, Aachen
Beitrag zur thermoelastischen Warmformbarkeit von Hart PVC
in Vorbereitung

HEFT 305
Prof. Dr.-Ing. K. Krekeler, Düsseldorf, Dr.-Ing. H. Peukert, Aachen, und Dipl.-Ing. W. Schmitz, Siegburg
Heißgas-Schweißung von Hart-Polyvinylchlorid mit Zusatzwerkstoff
in Vorbereitung

HEFT 306
Prof. Dr. B. Rensch, Münster
Elektrophysiologische Untersuchungen zur Analysierung der Bildung von Assoziationen und Gedächtnisspuren in Gehirn und Rückenmark
Prof. Dr. A. Loeser, Münster
Akute und chronische Giftwirkungen sauerstoffhaltiger Lösungsmittel
in Vorbereitung

HEFT 307
Privatdozent Dr. J. Juilfs, Krefeld
Vergleichende Untersuchungen zur elastischen und bleibenden Dehnung von Fasern
in Vorbereitung

HEFT 308
Privatdozent Dr. J. Juilfs, Krefeld
Zur Messung der Fadenglätte
in Vorbereitung

HEFT 309
Prof. Dr. K. Cruse und Mitarbeiter, Clausthal-Zellerfeld
Aufbau und Arbeitsweise eines universell verwendbaren Hochfrequenz-Titrationsgerätes
in Vorbereitung

HEFT 310
Dr. P. F. Müller, Bonn
Die Integrieranlage des Rheinisch-Westfälischen Instituts für Instrumentelle Mathematik in Bonn
in Vorbereitung

HEFT 311
Prof. Dr. F. Wever und Dr. M. Hempel, Düsseldorf
Dauerschwingfestigkeit von Stählen bei erhöhten Temperaturen
Teil I: Erkenntnisse aus bisherigen Dauerschwingversuchen in der Wärme
in Vorbereitung

HEFT 312
Prof. Dr. F. Wever und Dr. M. Hempel, Düsseldorf
Dauerschwingfestigkeit von Stählen bei erhöhten Temperaturen
Teil II: Zug-Druck-Dauerschwingversuche an zwei warmfesten Stählen bei Temperaturen von 500 bis 650°
in Vorbereitung

HEFT 313
Prof. Dr. F. Wever, Dr. W. Koch und Dipl.-Phys. H. Rohde, Düsseldorf
Änderungen des Habitus und der Gitterkonstanten des Zementits in Chromstählen bei verschiedenen Wärmebehandlungen
in Vorbereitung

WESTDEUTSCHER VERLAG · KÖLN UND OPLADEN

HEFT 314
Prof. Dr. F. Wever und Dr.-Ing. A. Krisch, Düsseldorf, und Dr.-Ing. H.-J. Wiester, Essen
Veränderungen im Gefügeaufbau von Chrom-Nickel-Molybdän-Stählen bei langzeitiger Beanspruchung im Zeitstandversuch bei 500°
in Vorbereitung

HEFT 315
Prof. Dr. F. Wever und Dr.-Ing. A. Krisch, Düsseldorf
Metallkundliche Untersuchungen an Zeitstandproben
in Vorbereitung

HEFT 316
Dr. F. Keune, Aachen
Zusammenfassende Darstellung und Erweiterung des Aequivalenzsatzes für schallnahe Strömung
in Vorbereitung

HEFT 317
Dr.-Ing. J. Stelter, Aachen
Mikrobiologische Ultraschallwirkungen
in Vorbereitung

HEFT 318
Dipl.-Ing. H. Kickert, Aachen
Über die Ausbreitung von Ultraschall in Luft
in Vorbereitung

HEFT 319
Prof. Dr. C. Kröger, Aachen
Gemengereaktionen und Glasschmelze
in Vorbereitung

HEFT 320
Dr. H.-E. Caspary, Köln
Verwendung von Szintillationszählern anstelle von Zählrohren zur zerstörungsfreien Materialprüfung
in Vorbereitung

HEFT 321
Prof. Dr. F. Wever, Düsseldorf und Dr. W. Wepner, Köln
Gleichzeitige Bestimmung kleiner Kohlenstoff- und Stickstoffgehalte im α-Eisen durch Dämpfungsmessung
in Vorbereitung

HEFT 322
Prof. Dr.-Ing. F. Bollenrath und Dipl.-Ing. W. Domke, Aachen
Eigenspannungen in vergüteten, dickwandigen Stahlzylindern nach Oberflächenhärtung mit induktiver Erwärmung
in Vorbereitung

HEFT 323
Prof. Dr. R. Seyffert, Köln
Wege und Kosten der Distribution der Textilien, Schuh- und Lederwaren
in Vorbereitung

HEFT 324
Prof. Dr.-Ing. H. Opitz, Dr.-Ing. E. Salje und Dipl.-Ing. K. E. Schwartz, Aachen
Richtwerte für das Außenrund-Längs- und Einstechschleifen
in Vorbereitung

HEFT 325
Prof. Dr. E. Schratz, Münster
Pharmakognostische Untersuchungen am Medizinal-Rhabarber
in Vorbereitung

HEFT 326
Prof. Dr.-Ing. E. Essers und Mitarbeiter, Aachen
Deichselkräfte an Lastzügen
in Vorbereitung

HEFT 327
Prof. Dr.-Ing. K. Krekeler und Dr.-Ing. H. Peukert, Aachen
Beitrag zur thermoelastischen Formbarkeit von Polyäthylen
in Vorbereitung

HEFT 328
Dr. H. Maeder, Belo Horizonte
Schweißen von Temperguß
in Vorbereitung

HEFT 329
Dipl.-Ing. A. Krüger, Karlsruhe, und Feuerwehr-Ing. R. Radusch, Dortmund
Wasserzerstäubung im Strahlrohr
in Vorbereitung

HEFT 330
Dipl.-Physiker E. Pepping, Aachen
Die Durchflußzahl des Rechteckschlitzes in einer sehr großen Wand
in Vorbereitung

HEFT 331
Dipl.-Ing. G. Bretschneider, Ruit
Die Messung der wiederkehrenden Spannung mit Hilfe des Netzmodelles
in Vorbereitung

HEFT 332
Prof. Dr.-Ing. R. Jaeckel und Dr. G. Reich, Bonn
Messung von Dampfdrucken im Gebiet unter 10^{-2} Torr
in Vorbereitung

HEFT 333
Prof. Dipl.-Ing. W. Sturtzel und Dr.-Ing. W. Graff, Duisburg
I. Der Flachwassereinfluß auf den Form- und Reibungswiderstand von Binnenschiffen
II. Der Flachwassereinfluß auf die Nachstrom- und Sogverhältnisse bei Binnenschiffen
in Vorbereitung

HEFT 334
Prof. Dr. W. Weizel und Dr. G. Meister, Bonn
Spektralanalyse durch Messung des Interferenz-Kontrasts
in Vorbereitung

HEFT 335
Prof. Dr. W. Weizel und H. Hornberg, Bonn
Untersuchungen der anodischen Teile einer Glimmentladung
in Vorbereitung

HEFT 336
Dr. Tung-ping Yao, Aachen
Die Viskosität metallischer Schmelzen
in Vorbereitung

HEFT 337
Dr. R. Hoeppener und Dr. W. Bierther, Bonn
Tektonik und Lagerstätten im Rheinischen Schiefergebirge
in Vorbereitung

HEFT 338
Prof. Dr.-Ing. W. Wegener, Aachen, und Dipl.-Ing. J. Schneider, M.-Gladbach
Die Bedeutung der Knotenart für die Herabminderung der Fadenbrüche
in Vorbereitung

HEFT 339
Prof. Dr.-Ing. W. Wegener und Dipl.-Ing. W. Zahn, Aachen
Vergleich des normalen mit verschiedenen abgekürzten Baumwollspinnverfahren in bezug auf Gleichmäßigkeit und Sortierungsstreuung der Garne
in Vorbereitung

HEFT 340
Dipl.-Ing. W. Rohs und Dipl.-Ing. R. Otto, Bielefeld
Das Naßspinnen von Bastfasergarnen mit Spinnbadzusätzen unter Ausnutzung einer zentralen Spinnwasserversorgungsanlage
in Vorbereitung

HEFT 341
Prof. Dr.-Ing. H. Winterhager und Dipl.-Ing. L. Werner, Aachen
Präzisions-Meßverfahren zur Bestimmung des elektrischen Leitvermögens geschmolzener Salze
in Vorbereitung

HEFT 342
Prof. Dr.-Ing. H. Winterhager und Dipl.-Ing. W. Barthel, Aachen
Die Gewinnung von Titanschlackenkonzentraten aus eisenreichen Ilmeniten
in Vorbereitung

HEFT 343
Prof. Dr.-Ing. W. Petersen, Aachen, und Dipl.-Ing. S. Wawroschek, Aachen
Die zweckmäßigsten Gütebestimmungsverfahren und Brikettierungsbedingungen bei der Erzeugung von Braunkohlen-Eisenerz-Briketts
in Vorbereitung

HEFT 344
Prof. Dr.-Ing. W. Fucks, Aachen
Zur Deutung einfachster mathematischer Sprachcharakteristiken
in Vorbereitung

HEFT 345
Dipl.-Ing. G. Cerbe und Dipl.-Ing. H. Monstadt, Essen
Konvektive Trocknung mit gasbeheizter Luft und Trocknung durch Gasstrahler
in Vorbereitung

HEFT 346
Dipl.-Ing. O. Arnold, Aachen
Erfahrungen mit Kernbohrungen zur Lagerstättenuntersuchung im Erzbergbau
in Vorbereitung

HEFT 347
S. Ruff, F. Kipp, H. Hansteen und G. Müller, Bonn
Untersuchungen zur Frage der Gehörschädigungen des fliegenden Personals der Propellerflugzeuge
in Vorbereitung

WESTDEUTSCHER VERLAG · KÖLN UND OPLADEN

If you have any concerns about our products,
you can contact us on
ProductSafety@springernature.com

In case Publisher is established outside the EU,
the EU authorized representative is:
**Springer Nature Customer Service Center GmbH
Europaplatz 3, 69115 Heidelberg, Germany**

Printed by Libri Plureos GmbH
in Hamburg, Germany